KB272609

아트플라워

아트플라워

특별 칼라 화보/아트플라워 콜렉션

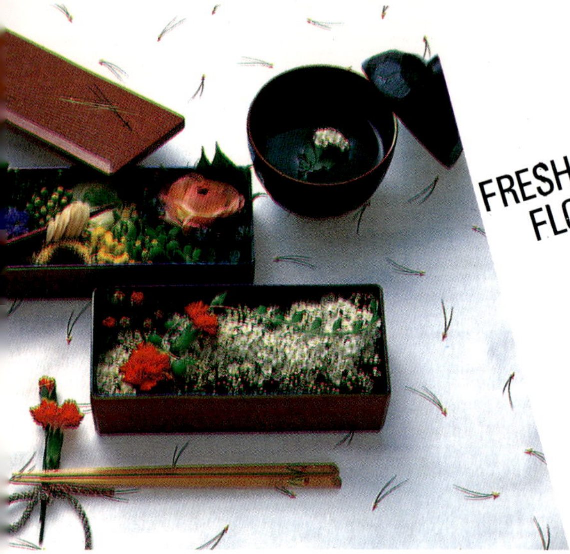

FRESH
FLOWER

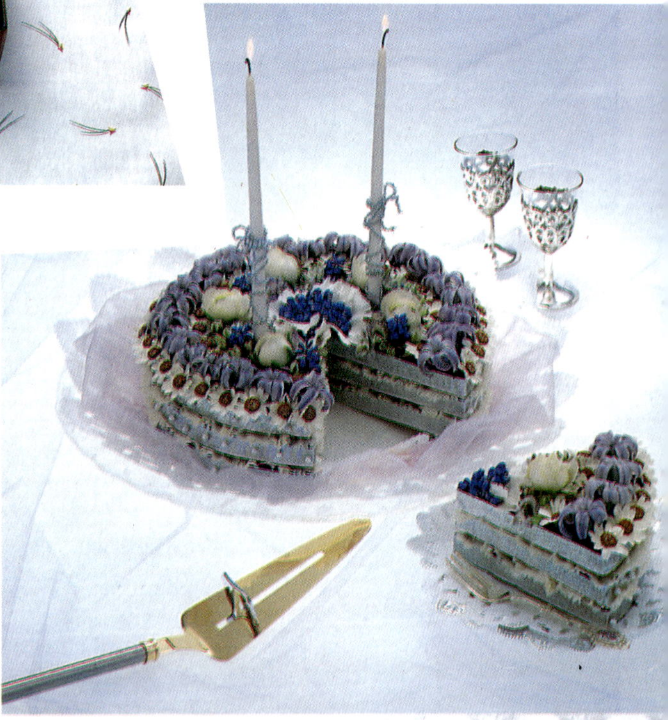

★아아! 누가 이보다 더 큰 기쁨을 주랴!? 아름다움의 극치를 보여주는 아트 플라워!!

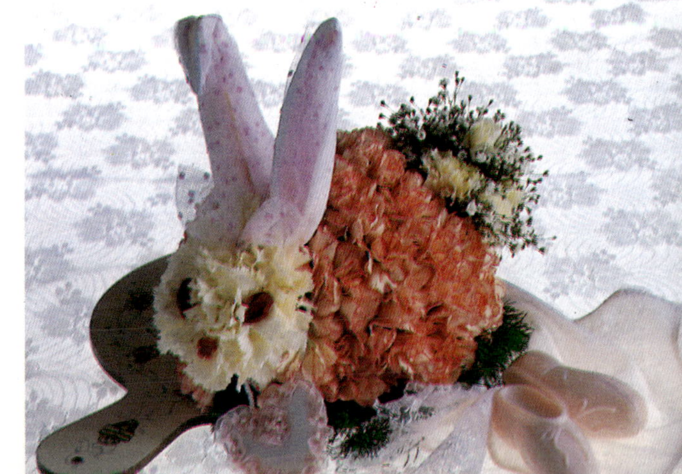

축하하는 마음을
꽃으로 이야기한다

사랑스러운 꽃의 메시지

★꽃으로 전하는 사랑의 마음은 상대방에게
영원한 추억을 안겨준다!!

ART F
FRESH FLOWER

원포인트의 멋부림

ART FLOWER

★ 아트플라워는 실생활
속에서도 유용하게
빛을 발한다!!

★아름다움은 우리 주변에 항상 널려 있다!!
자연과의 하모니, 아트플라워
FRESH FLOWER
★자연과의 조화를
이룬 아트플라워는
더없이 아름답다!

꽃의 영원함, 그 아름다움을 찾아서

아트플라워

편집부편

머 리 말

　아트플라워란 무엇인가? 아트플라워가 우리의 실생활과 밀접해지기 시작한 것은 언제부터인가?

　아트플라워가 우리 나라에 소개된지는 상당한 연수에 이른다. 꽃을 사랑하고 예술을 애호하는 인류의 마음이 그대로 전달되고 전수된 아트플라워는 말 그대로 꽃의 영원한 예술성을 추구하는 실용 예술의 한 분야이다.

　흔히 아트플라워를 '꽃꽂이' 예술과 혼동하여 동일시하는 경우도 있다. 그러나 아트플라워와 꽃꽂이는 서로 완연하게 다르다. 꽃꽂이는 생화(生花)를 가지고 완성품을 만들어야 하는 반면에 아트플라워는 그 재료면에서 다양하게 활용할 수가 있다.

　일반 꽃꽂이에 비해서 아트플라워는 보다 세밀성과 전문성을 요한다. 그렇다고 해서 어떤 특정한 범주에 속하는 사람이나 일정한 자격 요건을 갖춘 사람만이 아트플라워에 접근할 수 있는 것은 아니다. 남녀노소 누구나를 막론하고 취미생활로서 즐길 수 있고, 삶의 공간 예술로서 만끽할 수 있는 것이 바로 아트플라워이다.

　자신의 주변에 있는 재료를 이용하여 손쉽게 만들 수 있는 아트플라워의 기본적인 방법을 알기 쉽게 사진과 그림을 통해 해설한 것이 이 책이다. 가정에서나 직장에서나 여가를 이용하여 누구나 재미있게 시도해봄직한 취미 예술로서의 아트플라워를 가장 쉽게 배우고 익힐 수 있는 최신 아트플라워 지침서가 아닌가 한다.

기초에서부터 상당한 수준에 이르기까지 다양하게 망라된 이 책 한 권이면 어느 정도의 아트플라워 지식을 충분히 습득할 수 있으리라 믿는다.

아울러 이 책으로 말미암아 독자 여러분의 삶이 한결 아름답고 윤택하게 가꾸어질 수 있기를 바라는 마음이다.

엮은이 씀.

아트플라워
신변에 꽃을 두어 편안함을

차 례

차　례

ART FLOWER

축하하는 마음을 꽃으로 이야기한다

디자인 1

어머니에게 드리는 꽃도시락

● **화재** : 조팝나무, 스프레이카네이션, 그린네크레스, 미리오크라다스, 라난큐라스, 거어베라, 천조초, 미모사, 미니유우카리, 스냅, 팔손이나무, 노송나무, 도시락상자, 공기, 젓가락, 냅킨, 코드.

● **포인트** : 밥은 조팝나무로 나타내고 있다. 반찬은 도시락 상자에 오아시스를 두께 1cm 정도를 깔고 회석도시락을 연상시켜 계절의 꽃을 넣는다.

주가 되는 큰 꽃부터 넣어 간다. 작은 꽃은 핀셋을 사용한다. 꽃을 그대로 꽂아도 좋지만 재미와 놀이를 위해 꽃도시락을 만들기도 하고, 꽃받침이나 봉오리를 재미있게 사용한다.

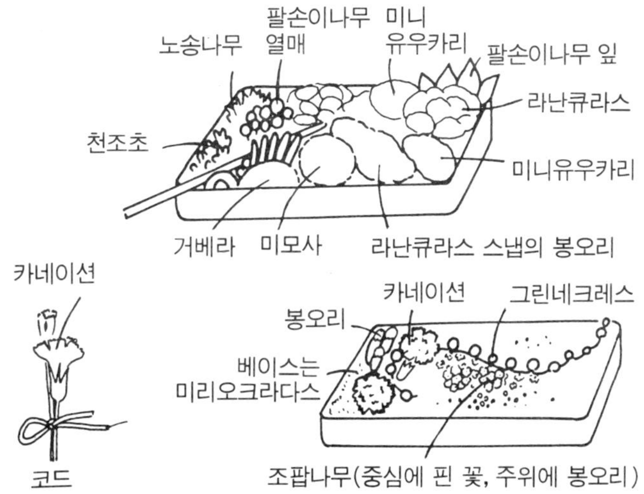

디자인 *2*

이상한 나라의 생일 케잌

● **화재** : 사이네리아, 히아신스, 라난큐라스의 봉오리, 카네이션, 델피늄, 무스카리, 1.2cm의 은색 리본, 6mm의 펄, 테이퍼캔들, 리리안.

● **포인트** : 그라데이션의 아름다움이 포인트이다. 꽃은 작은 꽃으로 같은 크기의 것을 준비하는 편이 아름답다. 꽃은 와이어를 꽃 중심으로 통과시켜 그대로 베이스에 꽂는다.

캔들은 가는 것으로 그대로 꽂거나 두꺼운 캔들을 사용할 때는 뿌리 부분에 테이프를 감고 와이어링으로 꽂는다.

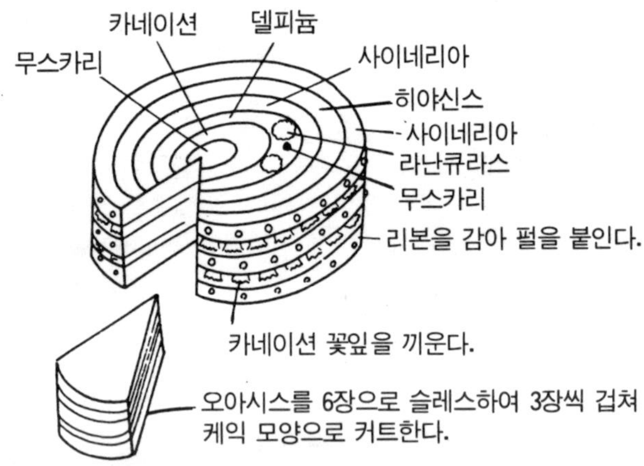

디자인 *3*

토끼 생일 선물

● **화재** : 카네이션, 안개꽃, 미리오크라다스, 거즈, 손수건, 물방울의 튤, 단추.

● **포인트** : 오아시스를 토끼의 등 모양으로 구부려 자르고, 얼굴도 울퉁불퉁하지 않도록 모양을 만든다. 동체의 오아시스에 꽃을 꽂고, 얼굴, 귀, 꼬리를 단다.

귀는 꽃으로 만들면 무거워지므로 손수건과 튤로 만든다. 눈,코를 붙인 다음 전체의 밸런스를 본다.

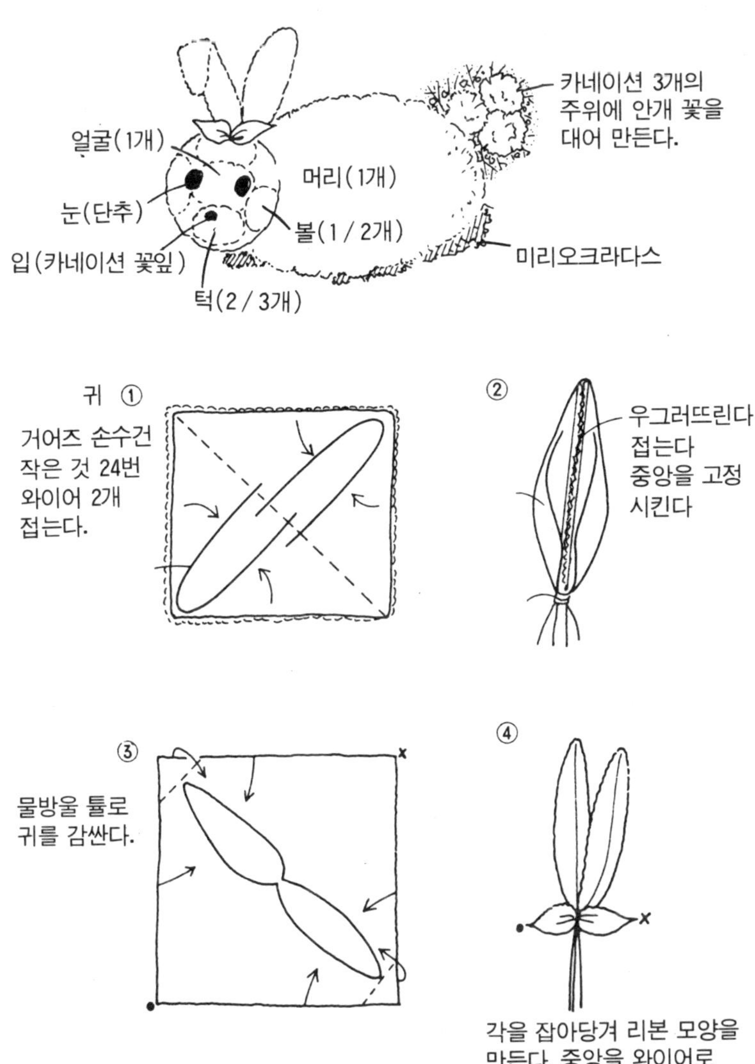

디자인 4

아기의 생일 플라워 바스켓

● **화재** : 플로라드라 장미 (꽃잎＝데이지, 꽃받침＝새틴), 용담 (꽃잎＝트일, 꽃받침＝롱), 마아가렛 (꽃잎＝새틴, 꽃받침·꽃심＝비로드), 스위트아리슨 (꽃잎＝새틴), 라일락 (꽃잎＝롱), 스톡 (꽃잎＝롱), 밀짚모자, 면레이스, 리본.

● **포인트** : 바스켓은 어린이 밀짚모자에 면레이스를 감아 만들었는데 기성 바스켓에 튤이나 레이스를 감아도 좋을 것이다.

사랑스러운 분위기를 내기 위해 리본이나 네트 레이스 등으로 잘 연출해 보자.

아래의 사진과 같이 바스켓에는 30㎝ 꽃의 가아랜드를 양끝에 붙여 손잡이로 하고 큰 코사지를 장식한다. 오른쪽 아래의 바스켓에는 장미와 마아가렛 레이스를 양쪽에 넣고 사이에 소오프를 넣고 장식한다.

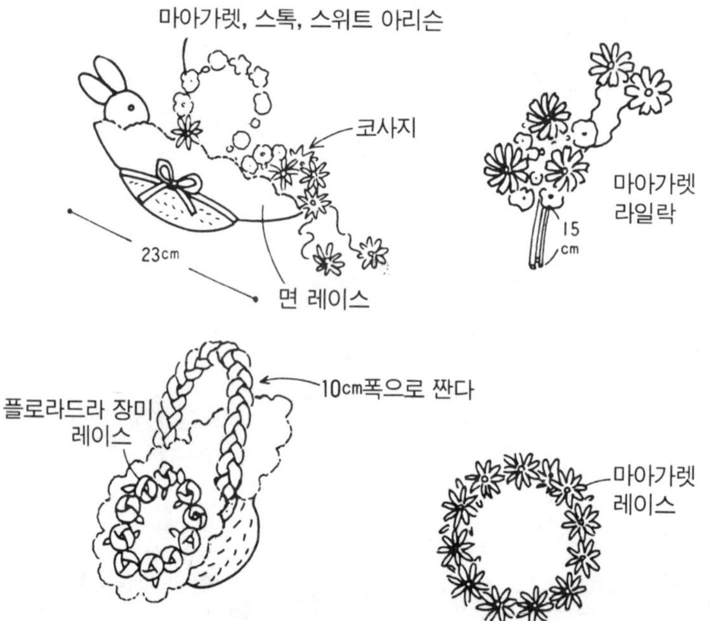

액세서리 상자와 손거울의 꽃

● **화재** : 아네모네 (꽃잎 · 잎 = 모어, 꽃받침 = 새틴, 꽃심 = 봉천과 팝),
들장미 (꽃잎 = 트일, 꽃받침 = 비로드, 자라팝), 브바리아 (꽃잎 = 새틴),
트타 = 비로드, 면레이스 2 종류, 브레이드 1.2㎝ 폭의 리본, 사축, 비로
드천, 등나무제 거울 상자.

● **포인트** : 도구에 붙이는 꽃은 질리지 않는 색채의 조합을 생각하는 것
이 중요하다. 기성의 상자나 거울을 다시 멋지게 장식하기 위해 정성스럽
게 마무리한다.

꽃이 잘 붙도록 베이스에 천을 감아두고 큰 꽃에서부터 순서대로 짙은
색은 나중에 사용한다. 꽃은 빈틈없이 붙이는 것이 좋다.

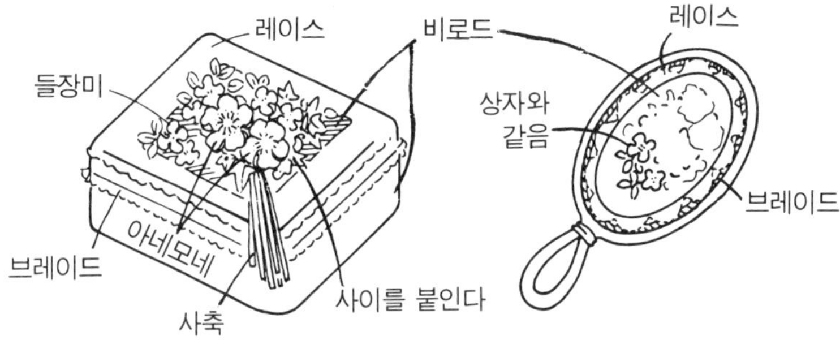

계란 모양의 꽃다발과 편지봉투

● **화재** : 모날더(꽃잎 = 새틴, 오로라팝), 마아가렛 (꽃잎 = 새틴, 오타프크
팝), 스타플라워 (꽃잎 = 새틴, 톤가리펄팝), 장미리이프 극소, 튤레이스, 한
지, 브레이드, 샤천, 컷 레이스, 끈, 랏핑페이퍼.

● **포인트** : 출산 축하 계란과 둥근 꽃다발에 맞추어 축하 편지 봉투를 디
자인 했다. 봉투는 무늬없는 한지를 사용하기도 하고, 2 장의 한지를 겹치
기도 하고, 튜울이나 레이스를 붙여 만드는 것도 아름답다. 장식 계란은 상
하에 구멍을 뚫어 시간을 들여 내용물을 빼내고 물들인 튤레이스로 감
싼다. 바스켓에 쿠션을 넣고 한지 페이퍼 냅킨을 2장 겹쳐 장식하여 계
란을 넣는다. 작은 꽃은 매스코사지로 정리한다.

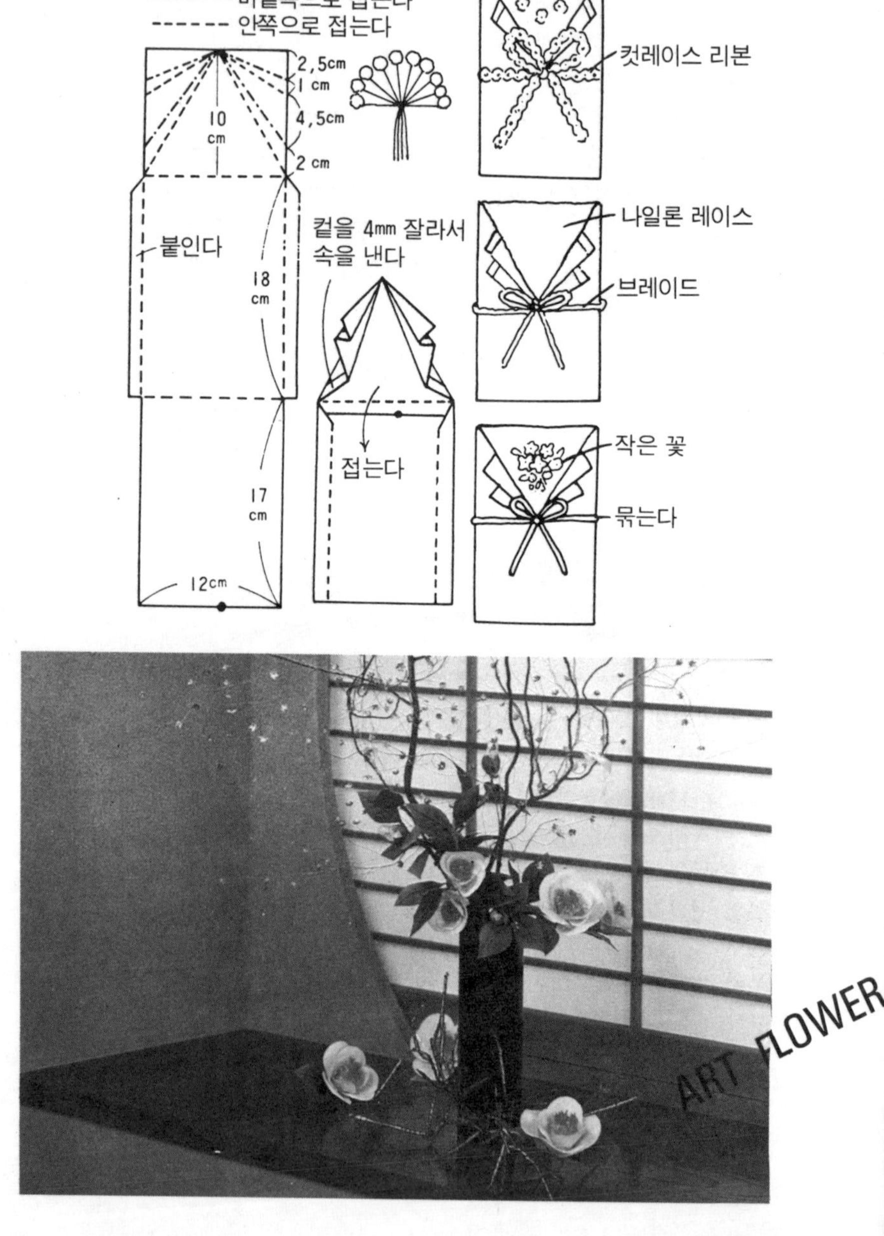

바깥쪽으로 접는다
안쪽으로 접는다
2,5cm
1cm
4,5cm
2cm
10 cm
18 cm
17 cm
12cm
붙인다
컬을 4mm 잘라서 속을 낸다
접는다
레이스 꽃
컷레이스 리본
나일론 레이스
브레이드
작은 꽃
묶는다
ART FLOWER

사랑스러운 꽃의 메시지

디자인 *5*

미니튜어 가든

● **화재** : 낙엽, 관목, 진달래, 설류, 아이슬란드모스, 라일락, 튜울립, 공작초, 물매화초, 이키샤.

● **포인트** : 숏프랜츠의 요령은 베이스의 오아시스를 만들고 싶은 모양으로 정성스럽게 만드는 것이다. 오아시스가 각이지면 꽂기에 어려워진다. 우선 베이스의 그라데이션(작은 잎을 섞지 않고 전체에 꽂는다)을 만들고 나무를 세워 놓고 색을 맞춰 꽃을 꽂는다. 아이슬란드모스는 부분적으로 사용하여 변화와 부드러움을 낸다. 짧은 꽃은 오래 가고 오아시스는 물을 썩게 하지 않으므로 매일 물을 스프레이해 주는 것만으로 2주일 정도는 간다.

■ 트라이 앵글

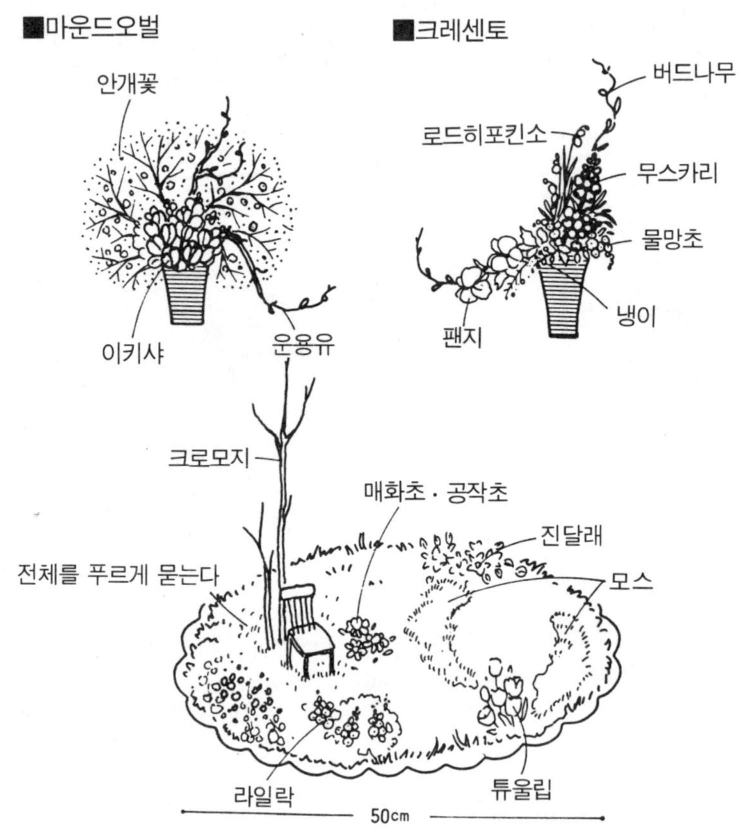

미니튜어렌지먼트

● **화재 :** 마운드오벌…   이키샤, 안개꽃, 운용유
　　　　　 트라이앵글…   패랭이꽃, 회향풀, 공작초, 물망초
　　　　　 크레센토…   버드나무, 무스카리, 팬지, 냉이, 로드히포킨소.

● **포인트 :** 이것도 숏프랜츠 어렌지먼트의 하나로 화기부의 잎과 화재의 옆지를 당겨 가능한 한 꽃 하나 하나의 개성을 표현하기 위해 어렌지한다. 꽃은 줄기를 다치지 않도록 하기 위해서도 핀셋으로 줄기의 하부를 꽂아간다. 작은 꽃이 아니라도 라인플라워나 피라플라워의 꽃을 빼고 사용한다. 오아시스는 각을 떨어뜨려 볼록한 반구상으로 잘라 두면 꽂기 쉽다.

디자인 *6*

늘풀의 미니 꽃다발

● **화재** : 네메시아 (꽃잎＝롱), 클로버 (잎＝새틴), 실자초 (꽃잎―신포프린), 담쟁이덩쿨 (잎＝모어), 싹이 난 작은 가지 (오타프크팝 큰것), 안개꽃 (새틴), 보리 (열매＝엷은 견, 잎＝새틴), 용담 (두꺼운 견), 들장미 (꽃잎＝트일잎＝새틴), 마아가렛＝새틴.

● **포인트** : 장미는 꽃 봉오리 각 1개에 덩쿨과 잎을 넣어 한 개로 마무리한다. 다른 것은 줄기 20cm 정도 줄기에 천을 감아 둔다. 들장미의 꽃다발은 코사지의 화지에트형으로 정리하는 형식으로 전체는 오벌형, 사차초의 꽃다발은 트라이앵글형으로 정리하고 있다.

　손잡이는 전부 정리 리본을 감는다. 미니 꽃다발은 작은 꽃으로 간단하게 정리하여 그대로 장식함으로써 즐길 수 있는 디자인 중 하나이다.

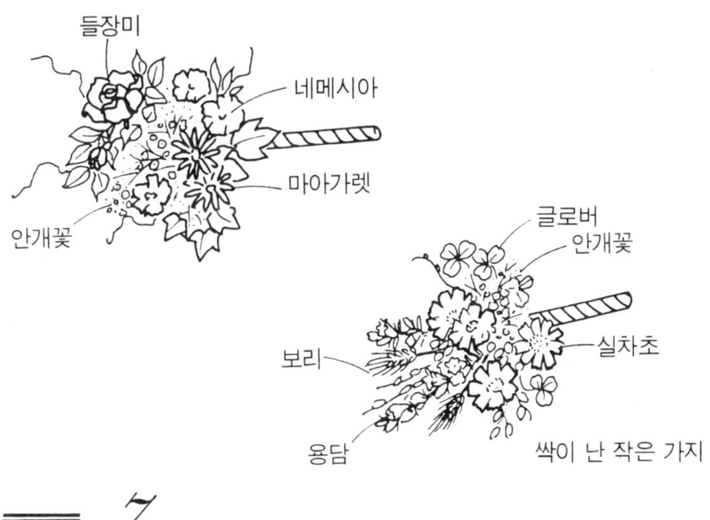

디자인 *7*

꽃의 향기

● 화재 :

〔포맨더 (Pomander) 플라워〕

튜울립 (꽃잎=새틴+본견 오간디·은피치 오간디+본겹 두겹), 모란 (꽃잎=튜울립과 같음), 프리뮬라 (꽃잎=본견 오간디·장식용 은색 띠), 유리구슬, 레이스천.

〔로즈인퍼품〕

다이아몬드 장미 (꽃잎=본견 오간디·날개옷펄·오로라 오간디·줄기, 잎·꽃받침=실), 2mm 은색 끈, 3mm 펄.

〔비누바구니〕

이케베리아, 블레이드4.2m , 라멜레즈, 블레이드.

● **포인트** : 장미는 새틴천 W를 통형으로 하고 이것을 심으로 하여 다이아몬드 장미형으로 모은다. 꽃심에 향기를 묻어 한 송이 꽃으로 장식하는 방법도 있지만 장식물의 데코레이션은 콜렉션의 하나로도 될 수 있다.

한때 유행한 비누 바구니도 멋있고 센스 있는 것을 꼭 만들고 싶다.

여기서는 비누와 섞지 않아도 좋은 향료를 꽃과 함께 레이스에 넣어 바구니 꽃옆에 더했다.

병모양 디자인은 볼지에 천을 씌워, 꽃잎을 꽃과 같이 대어 맨 나중에 중앙 레이스를 대고, 그 위에 병용기를 놓는다.

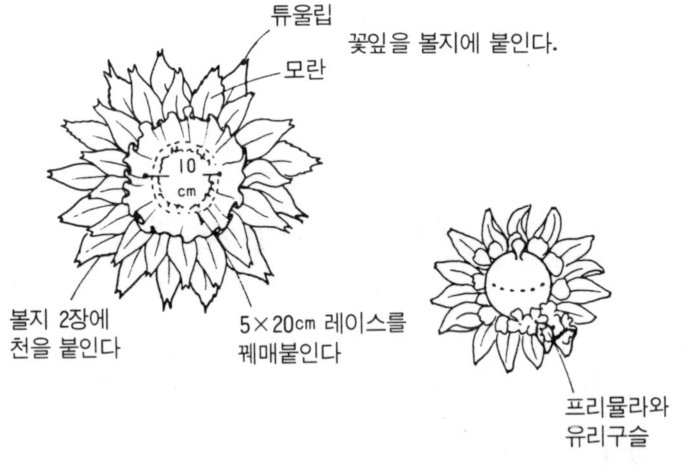

■로즈인 퍼품

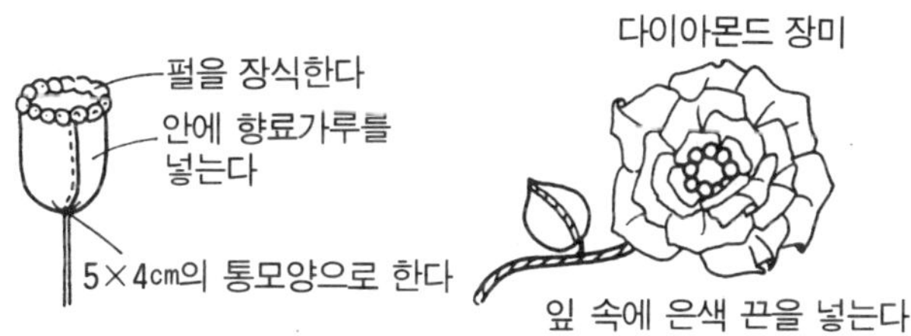

디자인 8

채소리스와 바구니

● **화재** : 마늘(엷은 견), 피망(새틴), 순무(포플린 잎=면 오간디·면 빌로드), 버섯(모아), 메꽃(꽃잎=스트라이프 오간디, 두꺼운 박견 잎=새틴)

● **포인트** : 동화풍 선물이기 때문에 코튼 프린트 등으로 만들어 보는 것도 재미있다.

또 한 개씩 리본을 매어 마른 가지에 달아 선물해도 좋다.

리스는 24번 와이어에 올리브 색의 박견을 감고 여기에 본드를 묻혀 채소를 꽃에 이어 만든다.

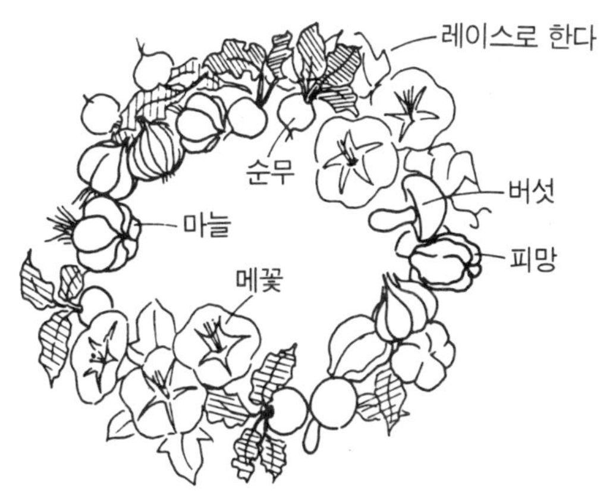

● 작품 18의 지형

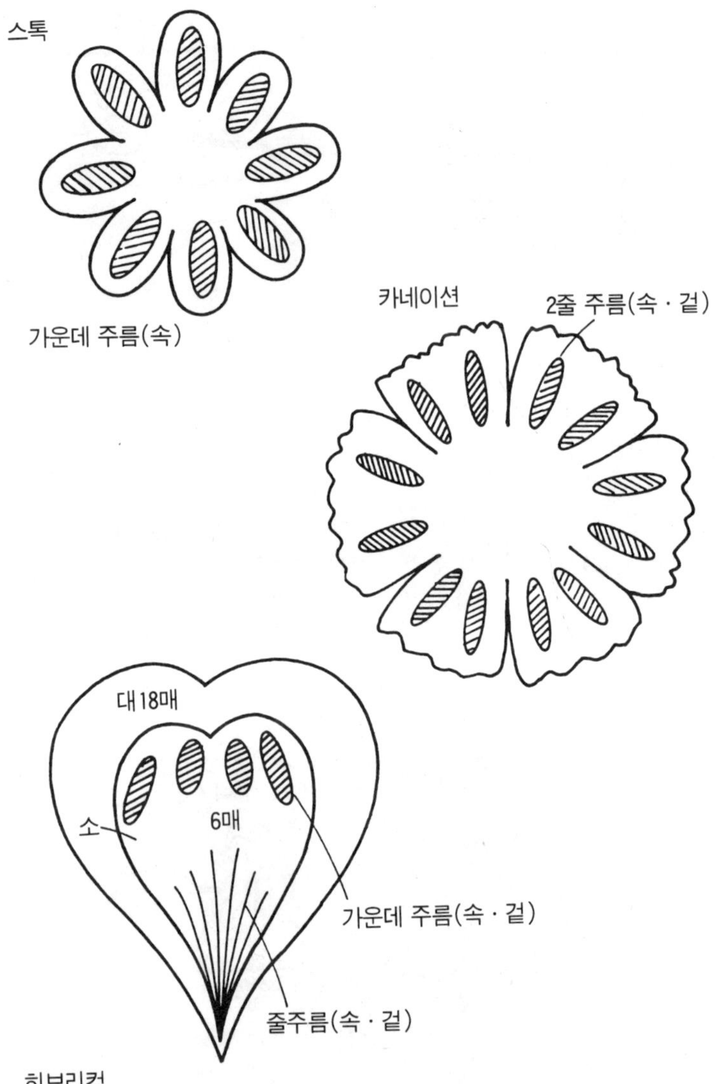

달콤한 라운드 부케

디자인 9

[아트 매스 · 클루스터 · 콜로니얼 부케]
● 화재 :
매스 : 팬지 (새틴 · 본견 오간디의 W), 브바리아 (꽃잎 · 꽃받침=새틴, 줄기=포플린).
클루스터 : 시크라멘 (오간디 W), 팬지, 들제비꽃 (새틴), 스마이락스 (오간디).
콜로니얼 : 들국화 (목면), 안개꽃 (새틴), 메꽃 (두꺼운 박견), 들장미 (오간디 · 새틴의 W), 카네이션 (새틴 · 오간디), 제라늄의 잎 (새틴).
● **포인트** : 매스 부케의 팬지 직경은 10cm 정도 와이어를 남기고 사축을 통과시켜 정리한다.

■매스

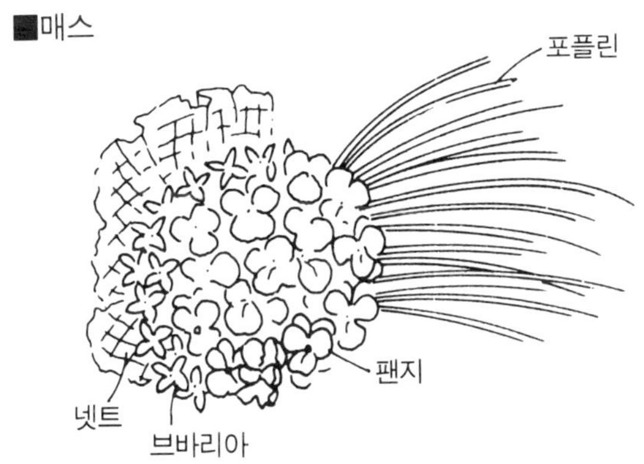

클루스터 부케는 시크라멘과 팬지를 둥글게 모아 들제비꽃 7~9환의 가란도 3개와 스마이락스의 가란도를 둥근 테에 더하고, 나머지 꽃의 전체를 보면서 더한다.

콜로니얼 부케는 카네이션을 베이스로 들고 들국화, 메꽃, 안개꽃, 그린 순서로 배치한다.

■클루스터

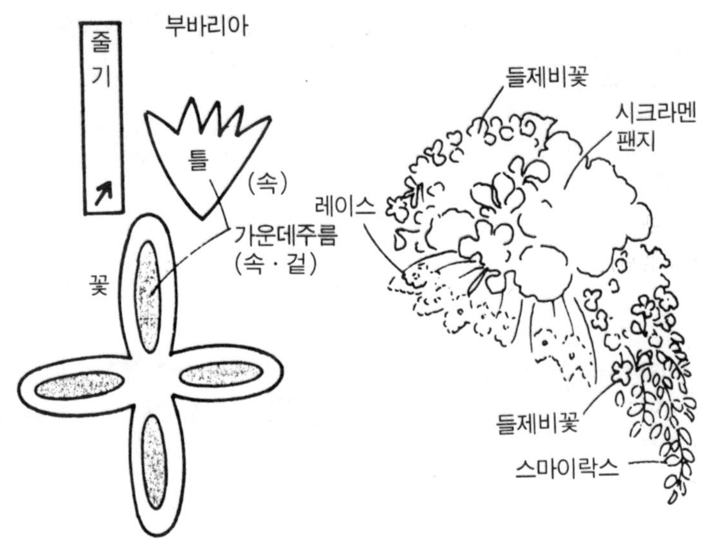

■콜로니얼

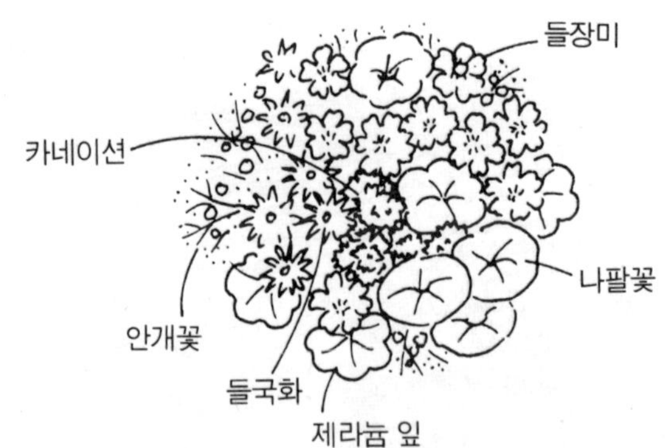

■시크라멘

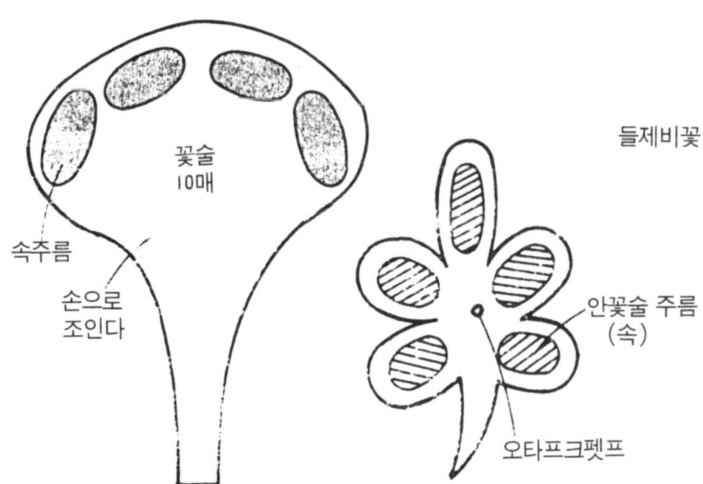

■팬지

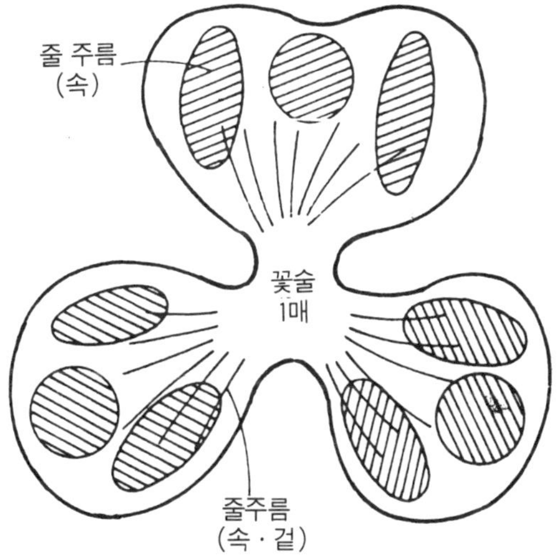

1매
오타프크펫프
● 들장미의 원래 치수

■ 카네이션

꽃술
대 16매
소 16매
2줄주름
(속·겉)
줄주름
(속·겉)
가는 주름(겉)
틀
나팔꽃(실제크기)
꽃술 5매
큰 주름으로
(속·겉)

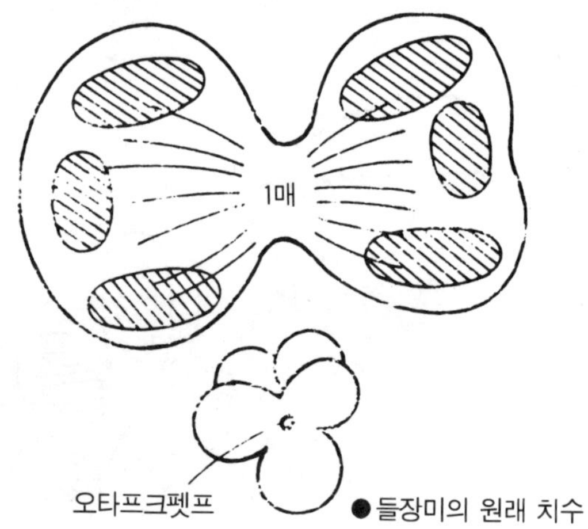

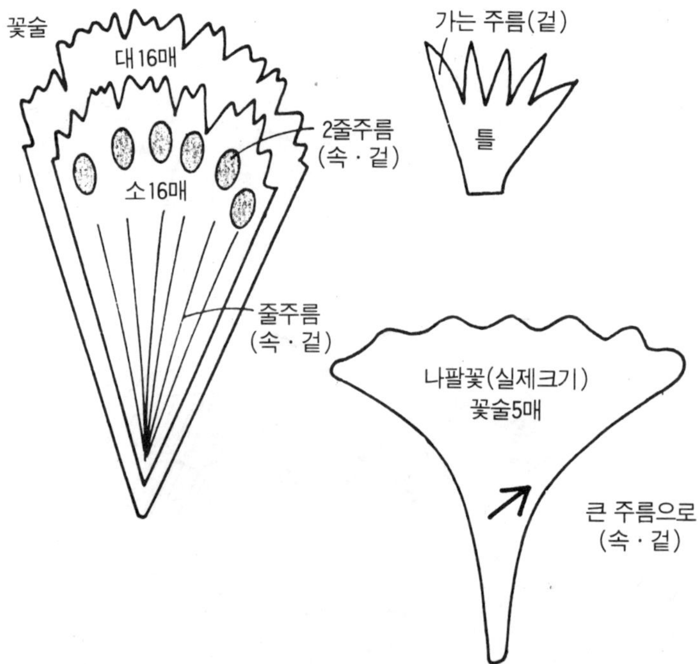

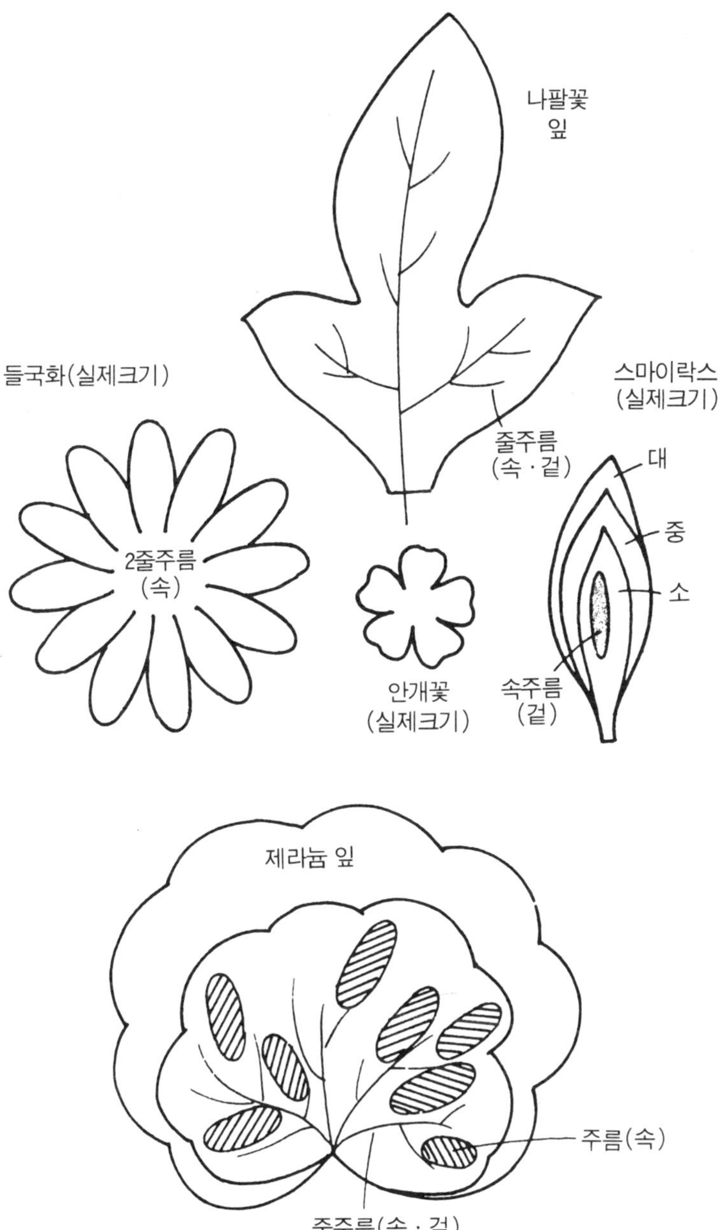
나팔꽃
잎
들국화(실제크기)
스마이락스
(실제크기)
줄주름
(속·겉)
대
중
소
2줄주름
(속)
안개꽃
(실제크기)
속주름
(겉)
제라늄 잎
주름(속)
줄주름(속·겉)

디자인 *10*

프레시 매스·클루스터·콜로리얼 부케

● **화재**

매스 : 장미, 회향, 카네이션, 델피늄, 알스타로메리아, 은방울꽃, 팰래치, 스마이락스.

클루스터 : 스패티피람, 나리, 유차리스릴리 장미, 델피늄, 안개꽃, 그린네글레스, 스마이락스, 레쟈판, 담쟁이덩쿨, 오리츠루란.

콜로니얼 : 장미, 델피늄, 블루스타, 안개꽃,

● **포인트** : 매스부케를 몇 종류의 화재로 모으는 경우는 배색이 같은 꽃을 매스형으로 모으는 것이 포인트로 뭉쳤을 때 예쁜 꽃을 선택한다.

  사각으로 변형한 클러스터는 꽃줄기를 조금 길게 남기고 담쟁이덩쿨 등도 자연스러운 느낌과 장식성은 동시에 표현하고 있다.

  사진의 콜로니얼은 안개꽃을 3단계의 층을 만들듯이 대중소로 와이어링하여 안개꽃을 지나 꽃색이 약간 보이게 하여 모은다.

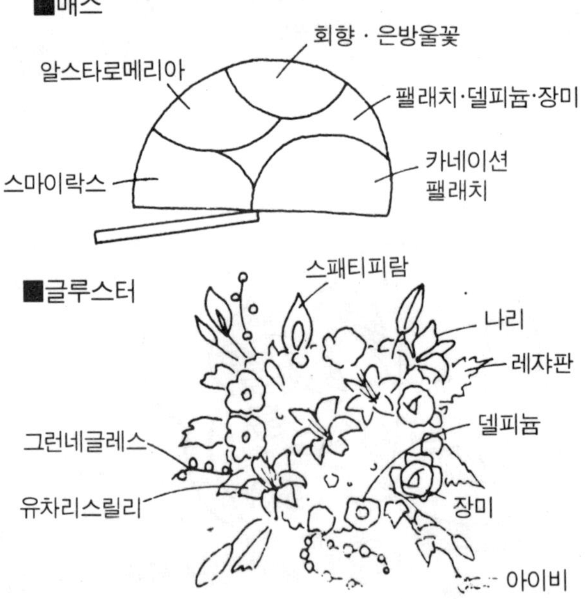

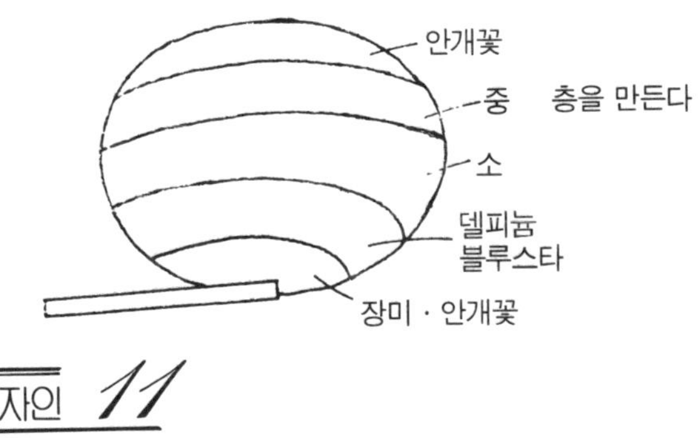

디자인 11

아트 크레센토 · 쇼트 캐스케드

● 화재

크레센토 : 고쵸란 (페달 · 세팔=츠루중 W, 맆=빌로드), 스마이락스=포
플린, 코스모스잎= 새틴, 스팬콜의 잎, 실키오간디, 리본, 스팬콜, 은고스천,
포플린, 비닐 튜브.

쇼트 캐스케드 : 카틀레아 (페탄=박견 W, 맆=실, 세팔=모아, 꽃술=실)

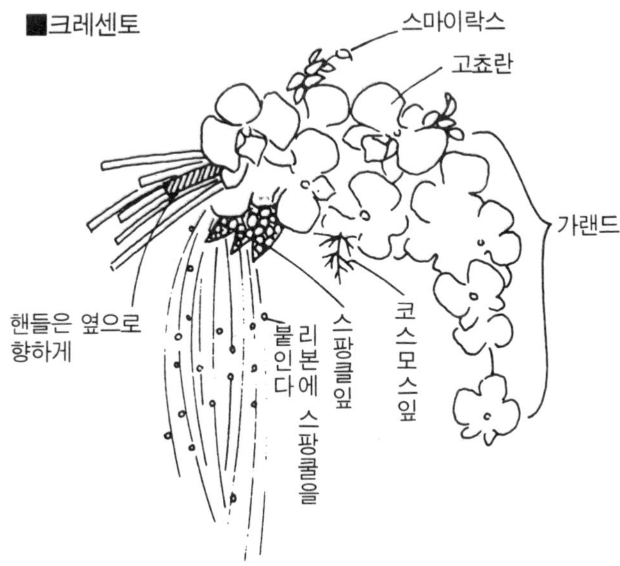

개나리(꽃잎＝빌로드, 꽃심＝금사장 펠프), 브바리아 (꽃잎＝빌로드, 꽃받침 론), 스피라에 (파일 츠톤펠프), 레이스 장식 구슬.

● **포인트** : 신부 부케는 일반적으로 기발하지않고 특히 색채는 엷은 색조로 아름답게 모으는 것이 바람직하다. 손잡이 부분도 소프트하게 하여 딱딱한 느낌을 피한다.

크레센토의 스템은 테이프와 티슈 페이퍼를 감은 22번 와이어를 비닐 튜브에 넣어 녹색 포플린을 감아 만들고, 부케의 손잡이에 붙인다. 실키 리본은 그대로 커얼시켜 장식한다.

■쇼트캐스케드

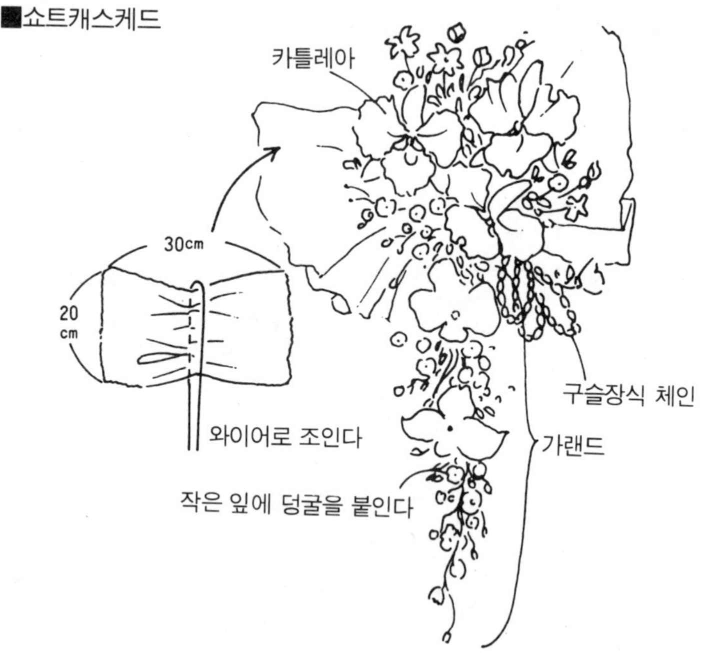

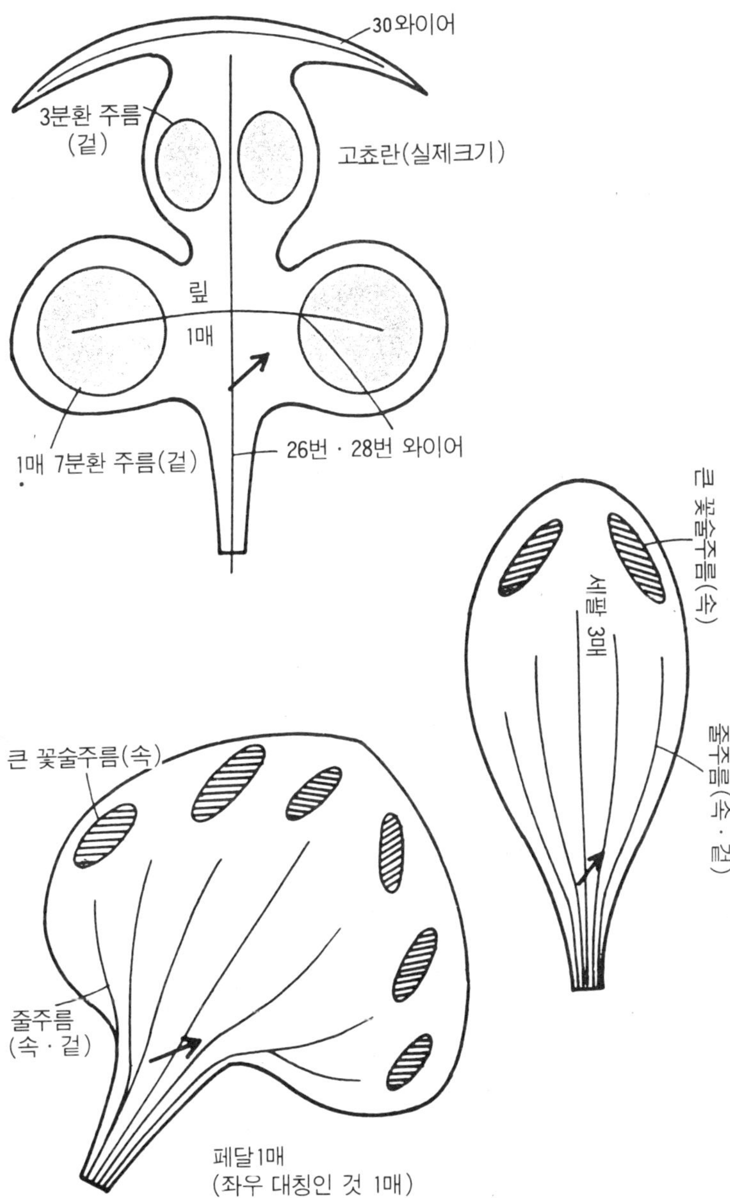
30와이어
3분환 주름
(겉)
고쵸란(실제크기)
립
1매
1매 7분환 주름(겉)
26번 · 28번 와이어
큰 꽃술주름(속)
세팔 3매
줄주름(속 · 겉)
큰 꽃술주름(속)
줄주름
(속 · 겉)
페달1매
(좌우 대칭인 것 1매)

디자인 12

프레시 크레센토 · 쇼트 캐스케드 부케

● 화재

크레센토 : 고츄란, 송충초, 델피늄, 레이스 플라워, 스마이락스, 카란코에
금색 진주, 리본.

쇼트 캐스케드 : 카틀레어, 회향, 신비쥼, 안스리움(Anthurium), 스마이락
스, 은색 테이프.

■크레센토

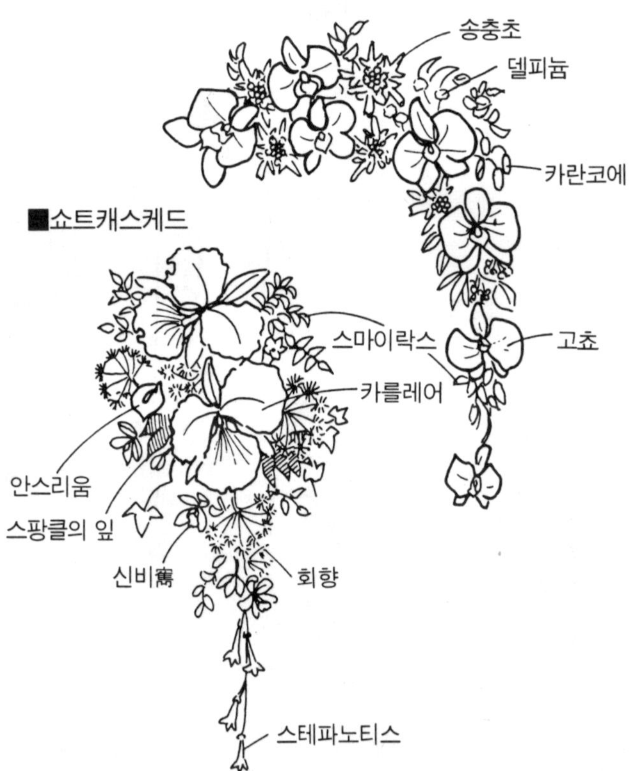

● **포인트** : 카틀레어에 작은 국화를 합치게 하는 등, 도저히 없어서는 안되는 것은 디자인 플라워에서의 고안이다.

　전혀 출생이 다른 것을 조합시키는 것은 어딘가 무드가 다르기 때문이다. 그러나 카틀레어에 스테파노티스와 스마이락스의 조합은 미인을 매일 바라보는 것과 같아서 조금 물릴 수 있다.

　여기서는 카틀레어의 개성을 살리면서 새로운 표정이 살아나도록 하여 스팬콜 잎이나 금색 진주 등의 이색 소재를 사용하여 보았다.

디자인 *13 · 14*

작은 부케

● **화재** : 후리지아, 사철나무, 알타이카, 히아신스, 브겐브리아, 레이스 플라워, 라일락, 버들, 시란, 레이스 모양의 화지, 끈 리본.

● **포인트** : 핸드 부케, 슈트라우스 등의 명칭을 갖는 부케이다. 작은 꽃이면 대체로 사용할 수 있고 꽃만이 아니고 가지도 첨가하는 법이 재미있다. 오히려 색채와 연출 (츄루, 리본, 포장지 등)에 신경을 쓰는 것도 좋다.

　13은 다쥐마쥐풍으로 모은 것이지만 줄기가 가지런하지 않아 예쁘지 않기 때문에 화지를 꽃받침과 같이 싸서 덮었다.

　14의 경우는 버드나무 가지, 브겐브리아 등, 줄기 부분부터 조합해 간다.

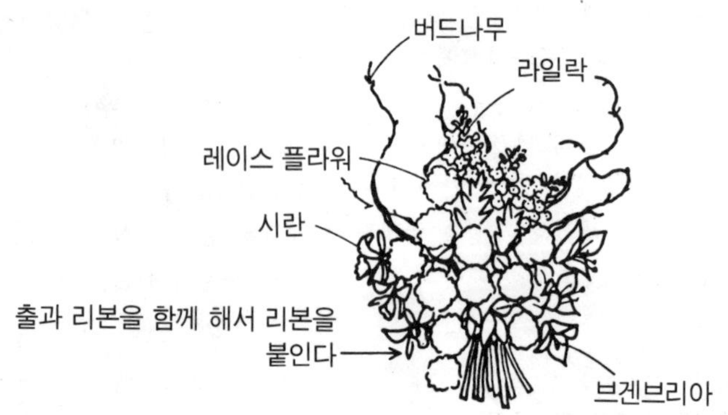

스팡클 잎

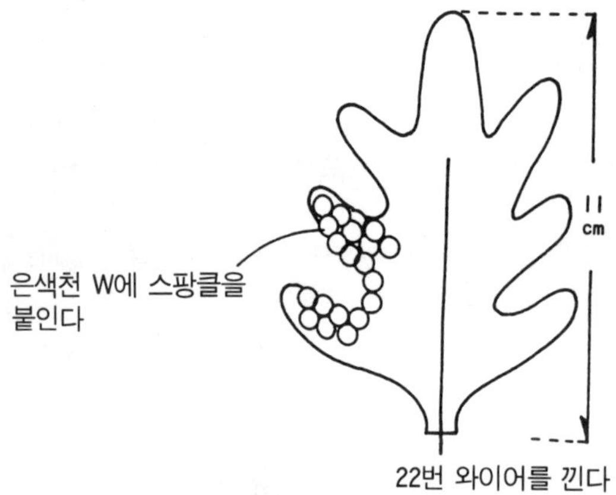

디자인 15

후레쉬한 바구니 · 샤워 · 환부케

● 화재

바구니 : 베르베르마키니아, 마아가렛, 카네이션, 레이스플라워, 튜울립, 라일락, 아룸, 물망초, 진주.

샤워 : 스카시, 나리, 아루스토로메리아, 스마이락스, 안개꽃, 카네이션, 장미, 1.2cm 폭의 리본.

환 : 장미, 안개꽃, 히아신스, 스마이락스, 10mm펄진주, 레이스, 리본.

● **포인트** : 샤워 부케는 리본을 샤워형으로 보이게 한다. 리본을 한 곳에서 모아 내리면 무거워지기 때문에 2~3줄씩 와이어를 겹쳐서 5~7곳에서 내린다. 상부는 모프와 같이 옆으로 길게 모아서 어덜트한 분위기를 연출한다.

바구니 부케는 굵고 짧은 크레센토형으로 모아 양 끝에 길고 짧게 10줄 정도씩 야잠사로 구슬을 꿰어 섬세한 터치로 완성한다. 손잡이에는 구슬을 붙인다.

빅토리안 로즈의 부케는 히아신스와 진주를 팬형으로 장식한다.

■샤워

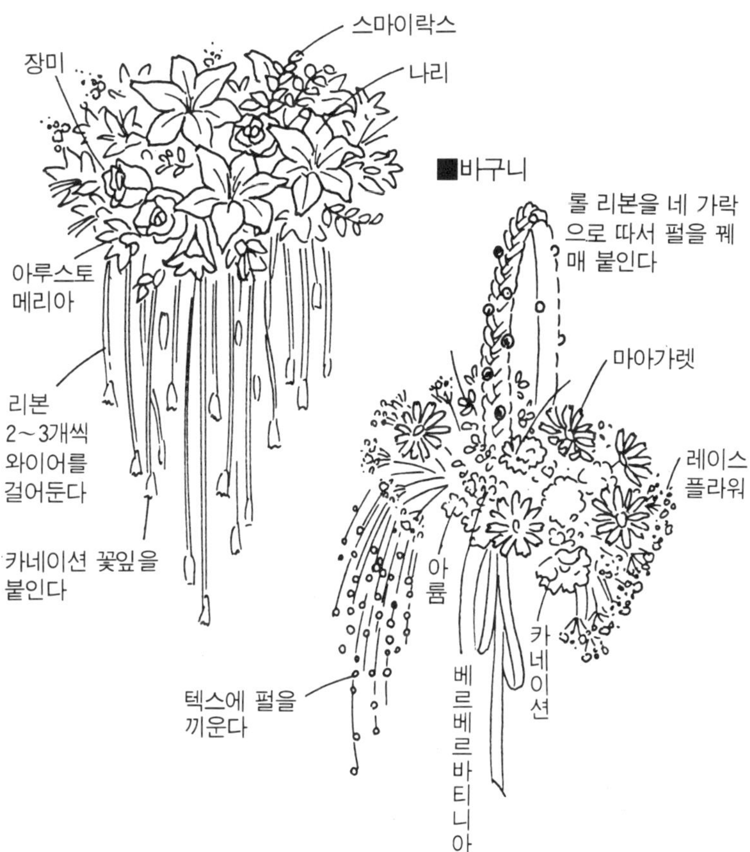

■팬

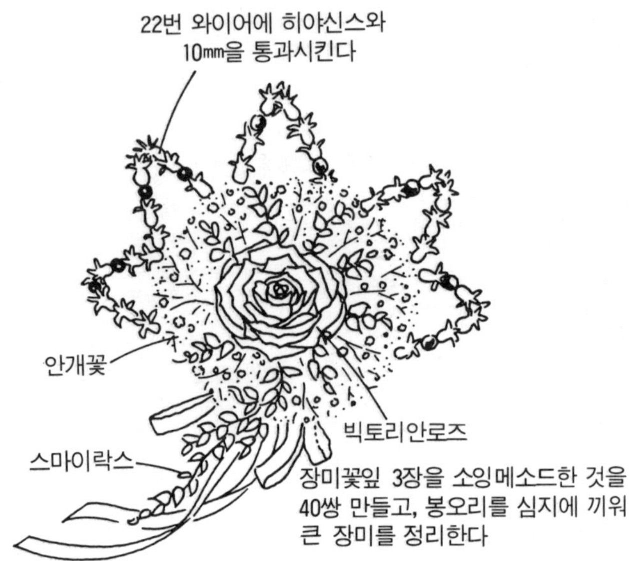

디자인 16

아트 바스켓 · 샤워 · 팬 부케

● 화재

바구니 : 백합(꽃잎 = 새틴 · 샤워W, 잎=새틴. 유리펫프), 하늘나리 (꽃
잎=코튼, 오간디 W · 오로라 · 펫프) · 신비쥼=새틴 · 오간디 W, 마아가렛
(꽃잎=코튼 · 오간디 W, 꽃심=면빌로드), 백장미.

샤워 부케 : 백합, 신비쥼=새틴 · 오간디, 후리지아(박견 · 새틴, 오로라, 펨
프), 은방울꽃= 새틴 · 소옥.

팬 부케 : 로즈마린=본견, 오간디, 들장미(오간디, 새틴 W, 꽃심 = 면빌로
드 · 오로라 · 펨프), 물망초 = 새틴 · 소옥펨프소, 진주, 리본.

● **포인트** : 바구니 부케는 진주를 손잡이를 중심으로 하여 신비쥼을 중
심에 두고 텍스로 꿴 진주를 양쪽에 늘어뜨린다. 색채적 조화를 생각하
면서 나리, 마아가렛, 안개꽃 순서로 조화시킨다.

　팬 부케는 5, 6줄의 꽃을 남겨 우선 크레센토형으로 모은다. 들장미와

진주 테두리 6줄을 팬형으로 만들어 크레센토 부케를 그 기본에 붙여 나머지 꽃으로 사이를 메꾼다.

샤워 부케는 꽃을 옆으로 길게 늘어놓고 (끝쪽은 3줄 정도 잇지 않아도 좋다) 3~5줄 모은 사축을 폭포형으로 내려 뜨린다.

■바구니

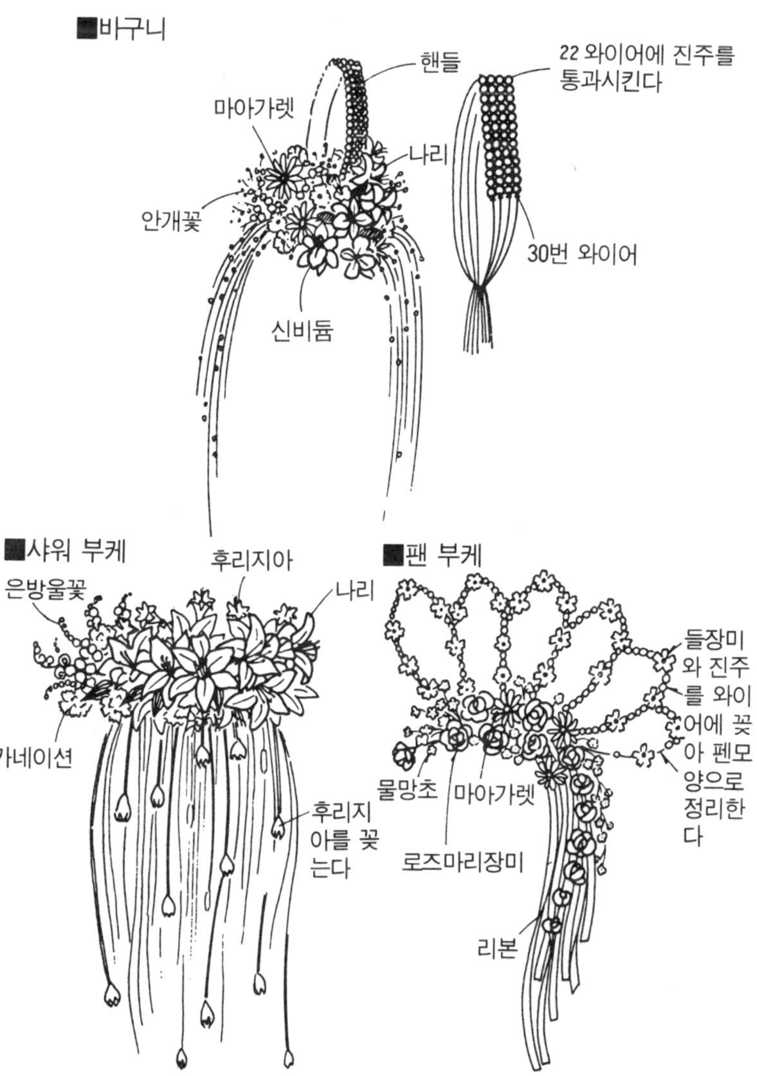

■나리

(실제크기)
잎
꽃술주름(속)
줄주름(겉)
백합(실제크기)
꽃술 3매
꽃술 3매
꽃술
대소
각
3매
줄주름
꽃술 주름(속)
후리지아(실제크기)
1매

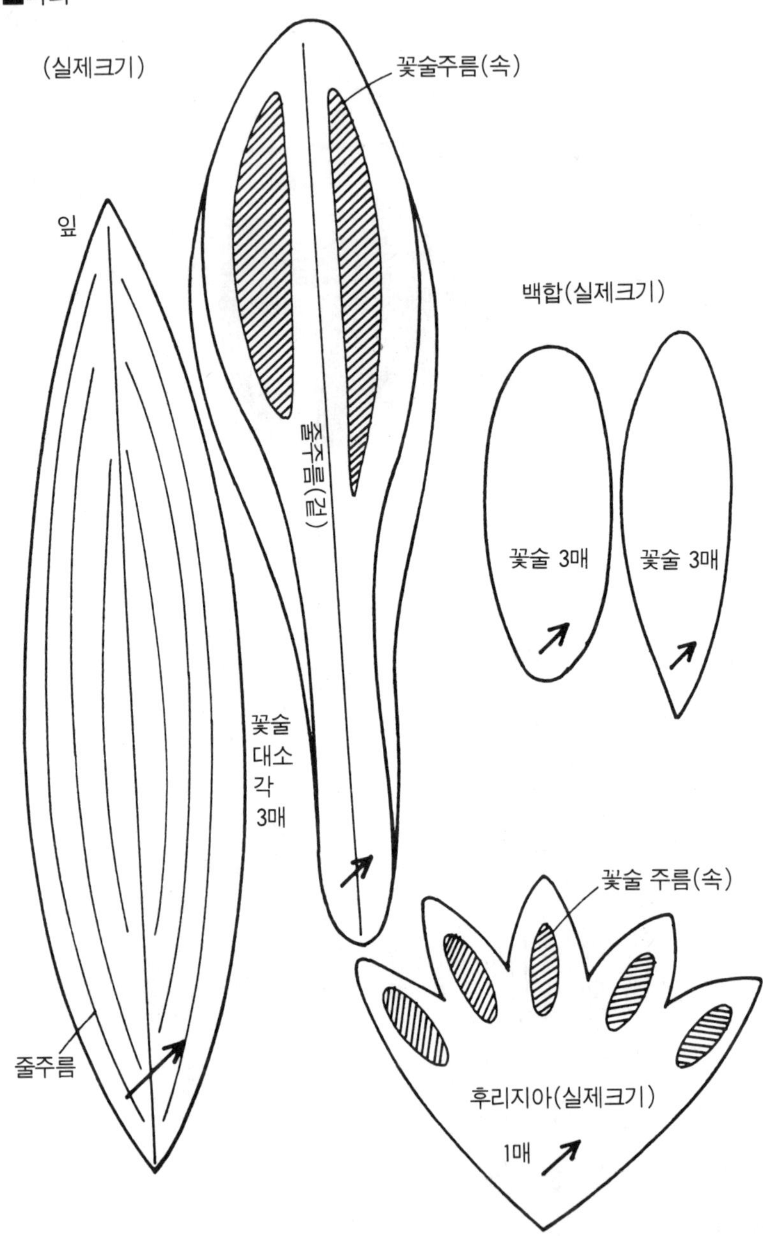

■신비듐

혀꽃술
1매
꽃술주름
(속)
속 주름
(속)
립 1매
3매
2매
줄주름
(겉)
줄주름
(겉)
로즈마린
꽃술
대 3매
소 1.5매
은방울꽃
3분환
주름(겉)
구슬 펫프
물망초
물망초주름(속)
구슬 펫프
틀

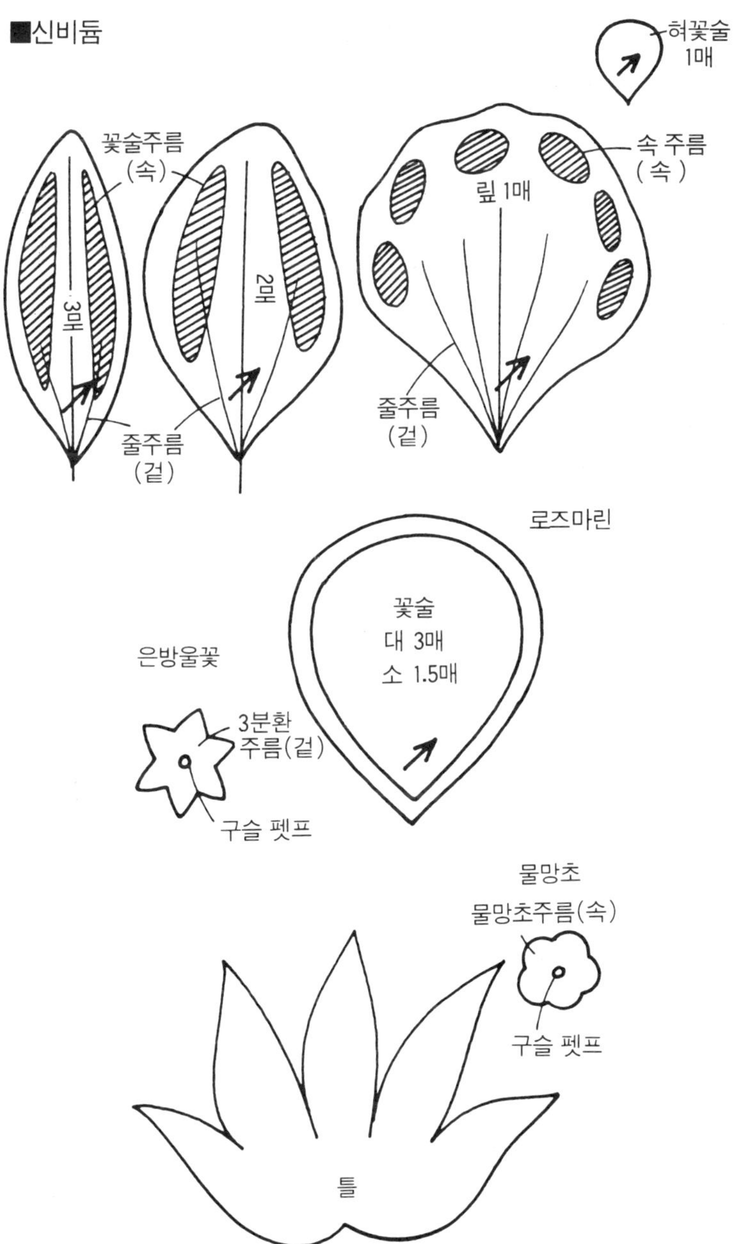

디자인 17

후레쉬 코사지를 즐기며

● 화재

헤어 밴드 : 라난큐러스, 헤베, 이끼샤, 담쟁이덩쿨, 유칼리, 5cm폭의 레이스, 0.5cm폭의 리본. 어깨 코사지 : 후리지아, 히아신스, 사축, 브로치. 포켓 코사지 : 보리, 2cm폭의 리본, 브로치.

브레이슬렛 (팔찌) : 미모사, 아카시아, 0.5cm폭의 리본, 웨이스트.

체인 코사지 : 크리스마스 로즈, 무스카리, 담쟁이덩쿨, 목면끈, 레이스.

핑거 코사지 : 히아신스, 크리마스 로즈, 담쟁이덩쿨.

발목 코사지 : 아르메리아, 팔손이나무, 열매 0.2cm폭의 리본.

● 포인트 : 목공용 본드로 꽃잎을 리본이나 사축에 붙여도 하루는 충분히 붙어 있다. 여기서는 10대, 20대의 젊은 여성을 위한 디자인을 모았지만, 40~50대에도 여름 리조트 지역이나 놀이복에는 응용할 수 있다. 생화는 시들어버리기 때문에 그 일순간을 즐겁게 하는 가치도 있다.

　아이때와 같이 꽃을 꺾어 동심으로 돌아간 기분으로 만드는 코사지이다.

■헤어 밴드

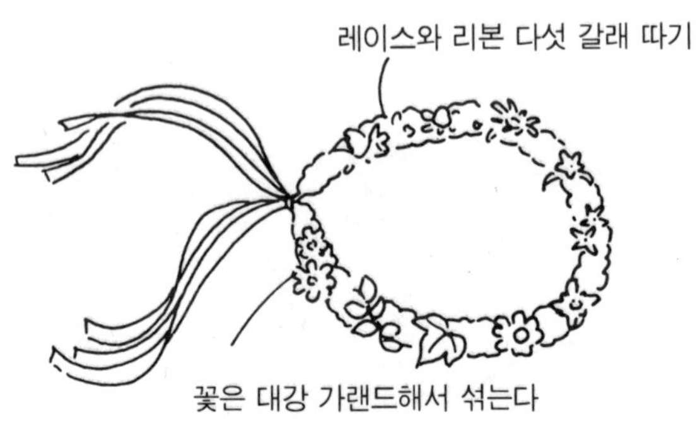

■포켓 코사지

■솔더 코사지

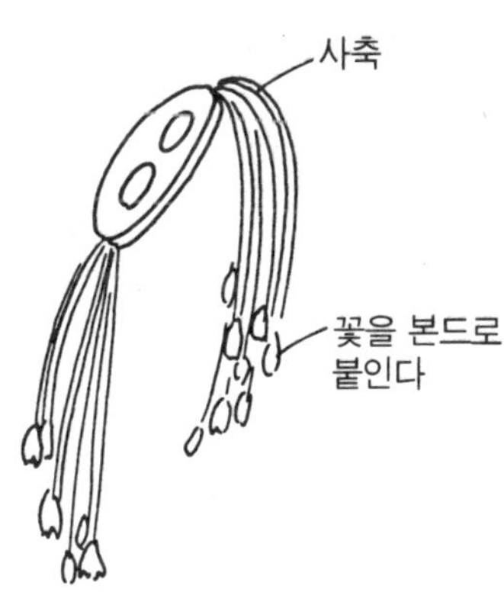

■브레이슬렛

■발목 코사지

■핑기 코사지

■웨스트 체인코사지

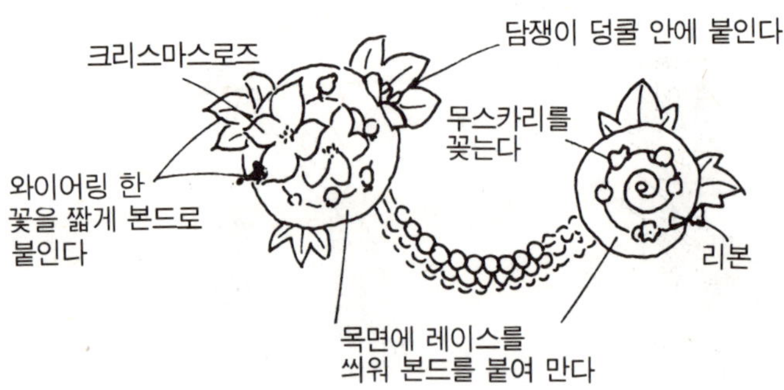

디자인 18

개성적인 아트 코사지

● 화재 :

귀걸이…A=물망초 3mm 진주, B=스톡, 금유리 펫프, 금블레드.

목을 장식함…A=담쟁이덩쿨 잎, 벨벳 리본, 진주 조개, B=카네이션, 면레이스, 블로우치.

벨트…A=벨트용으로 짠 끈, 안개꽃, 검은 진주, B=꼰 끈, 하이브리컴.

팔찌…등나무, 꼰 끈, 장미 잎.

목걸이…작은 패럼의 장미, 장미 잎, 레이스 조각, 꼰 끈.

발찌…작은 꽃 2종류, 장미 잎, 금 체인.

어깨 코사지…하이브리컴, 사축, 깃털

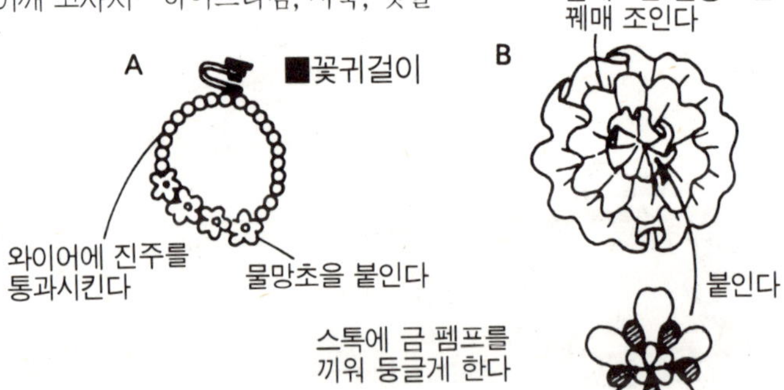

● **포인트** : 나머지 꽃잎을 이용한 코사지의 한 예로 이런 타입의 꽃은 미리 생각해서 만들려고 하면 오히려 조잡해진다.

아트 코사지 디자인은 실물 그대로 만든 꽃을 다는 것, 드라이 플라워와 같이 만들어 재미있게 다는 것, 옛스러운 터치로 어른스러움을 주는 것, 장난스런 느낌을 주는 것, 잎이나 봉우리, 열매를 브로치 풍으로 만드는 것, 창화와 부소재로 디자인한 것 등 다양하다.

■가슴 장식

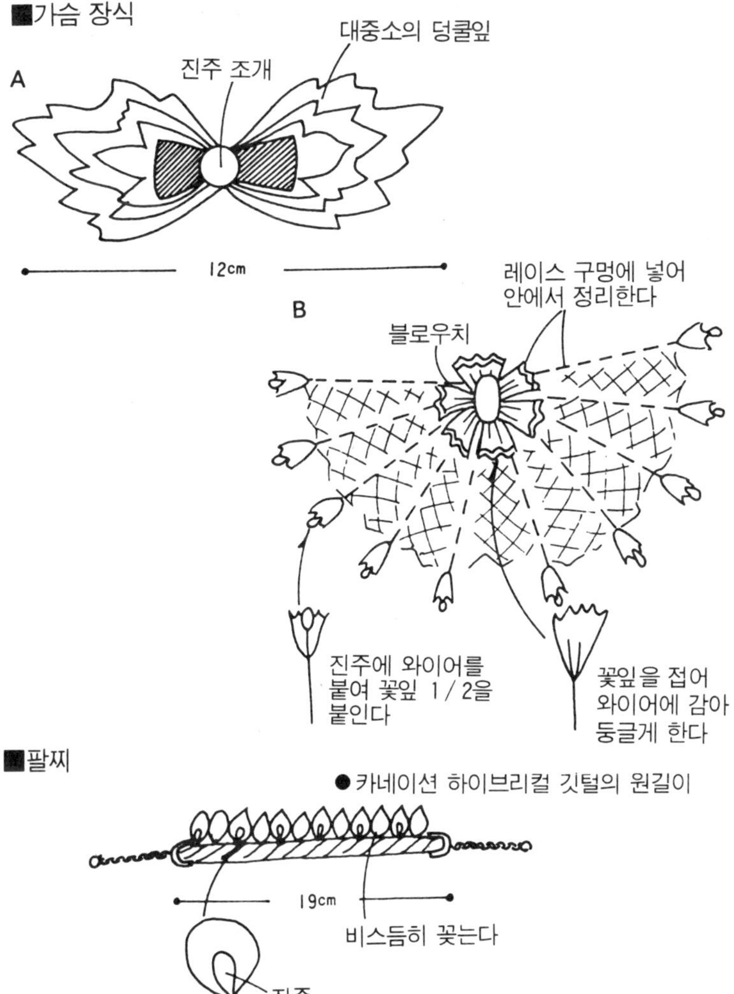

■팔찌

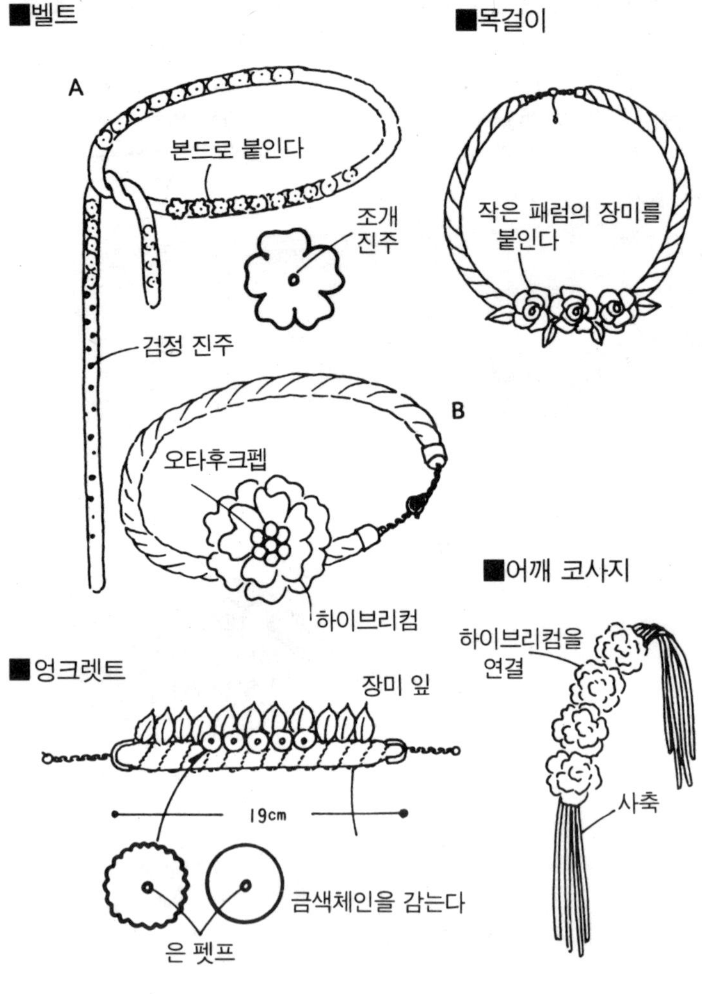

■벨트
A
본드로 붙인다
조개
진주
검정 진주
오타후크펩
B
하이브리컴
■목걸이
작은 패럼의 장미를
붙인다
■어깨 코사지
하이브리컴을
연결
사축
■엉크렛트
장미 잎
19cm
금색체인을 감는다
은 펫프

원포인트의 멋부림

디자인 *19*

신선한 T. P. O 코사지

● **화재**

작은 백에 단다… 잎, 모란, 식나무, 옻칠한 띠 장신구.

초에 붙인다… 잎모란, 치코리, 팔손이나무 열매, 이키샤, 봉리.

벨트에 단다… 아네모네, 블루스타, 팔손이나무 열매, 작은 국화, 공작초,
스톡, 참가시은계목남천.

띠에 붙인다… 금색으로 물들인 작은 가지, 산호비녀, 편백, 참가시은계목
남천, 철쭉, 팔손이나무 열매.

상자에 붙인다… 팔손이나무, 잎모란, 식나무 열매.

천으로 싼 상자에 붙인다… 스톡, 보리, 담쟁이덩쿨, 참가시은계목남천.

모자에 붙인다… 암남천, 젖꼭지나무, 난의 이삭, 담쟁이덩쿨, 대나무 구슬,
면레이스, 검정구슬 펫프.

● **포인트** : 드레스 이외에 사용하는 코사지는 어디까지나 연출 소도구이
기 때문에 맵시있는 터치가 포인트이다. 소재 선택법이나 조합시키는 방
법을 생각해 보자.

■작은 백에 단다

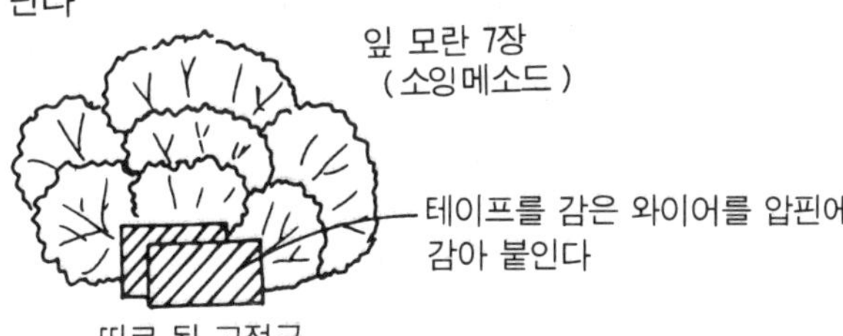

■초에 붙인다

■벨트에 단다

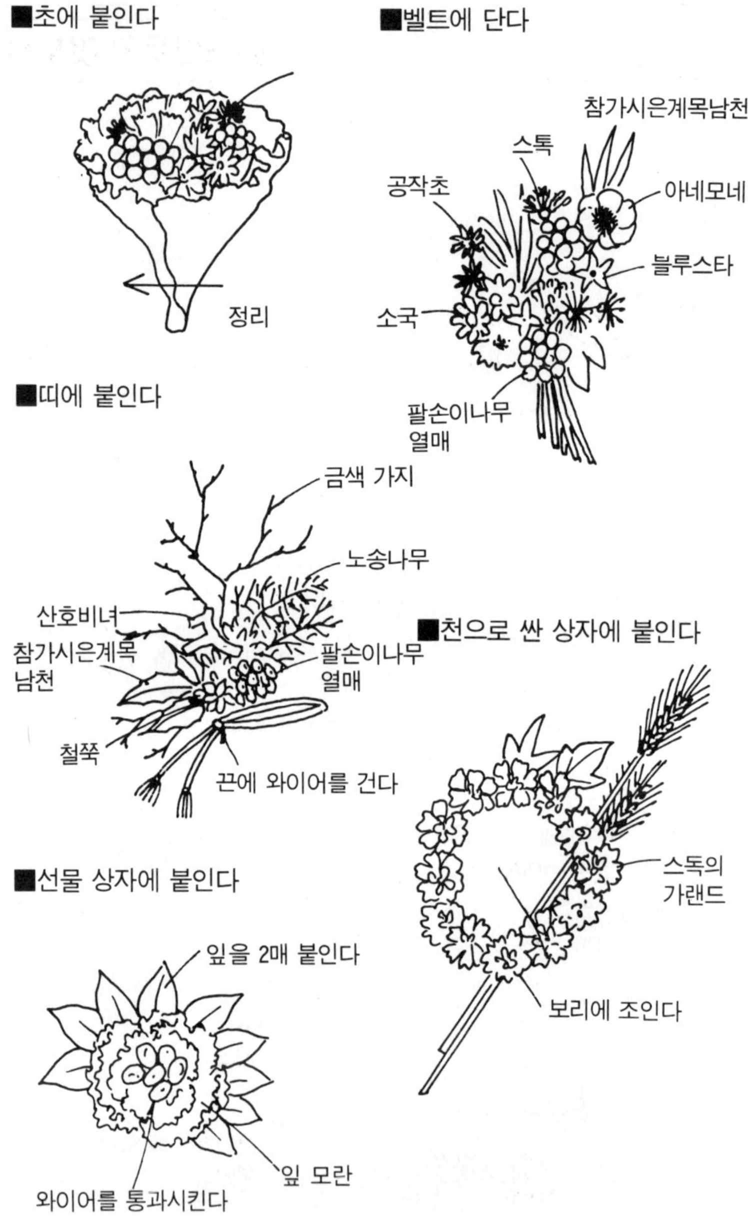

■띠에 붙인다

■천으로 싼 상자에 붙인다

■선물 상자에 붙인다

■모자에 붙인다

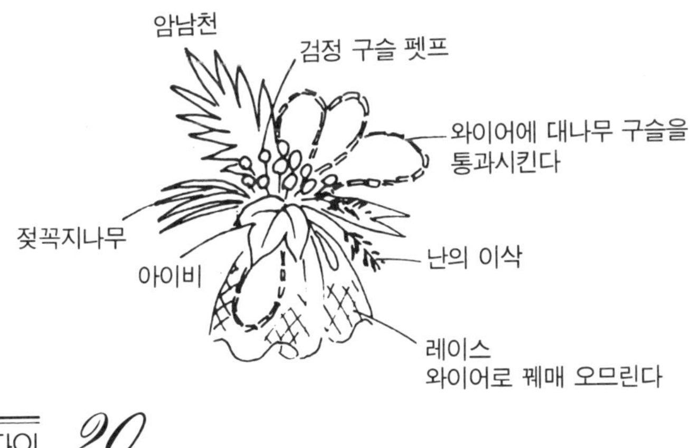

디자인 *20*

아트 T. P. O 코사지

● 화재

선물 상자에 붙인다…A(시클라멘 · 꽃잎=분견이중W, 안개꽃=박사), B
(무스컬리 열매=크레이프드신, 꽃받침=얇은 견, 잎
=오간다W).

■선물 상자에 붙인다

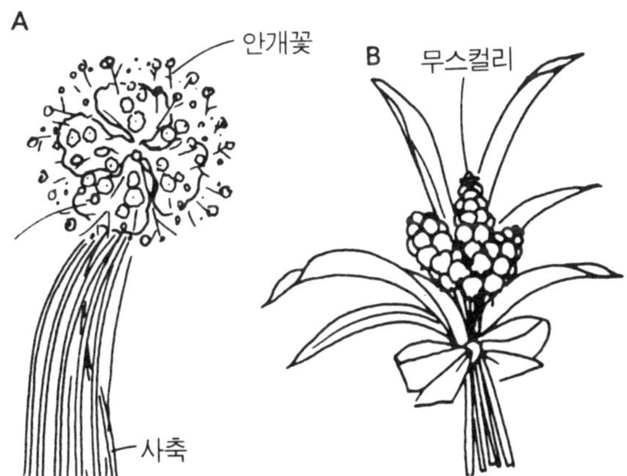

모자에 붙인다…A(국화=론 · 스톡 잎=빌로드 · 박견 W), B(들장미=론 ·
　　　오간디, 소국=목면).
목걸이…시클라멘, 진주 구슬, 플라스틱 구슬.
띠에 단다…A(수선화 잎=새틴 W, 잎=면 빌로드, 담쟁이덩쿨 잎=실 ·
　　　레쟈, 진주, 은 끈), B(들장미 꽃잎 · 수선화, 잎=새틴).
작은 백에 붙인다 (포도 열매 =금피치 오간디, 잎=금피치 오간디 · 새
　　　　　틴).

■모자에 붙인다

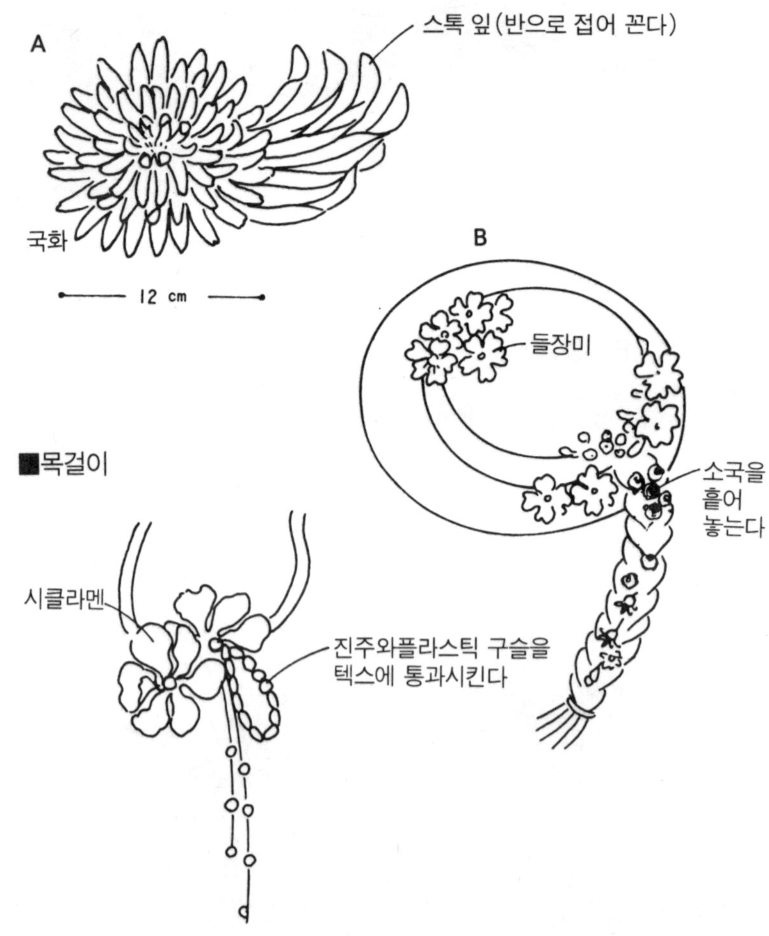

■작은 백에 붙인다

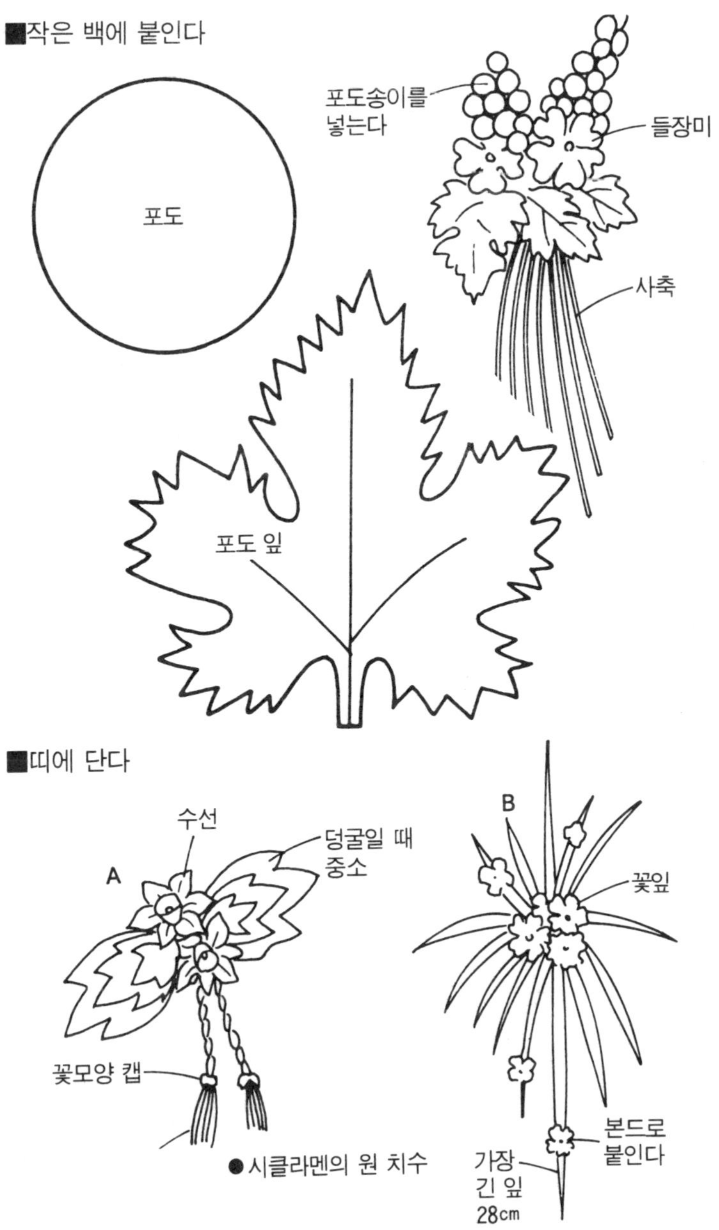

■띠에 단다

우아하게 기분전환으로 멋부린 연출

디자인 *21*

꽃을 술안주에

● **화재** : 스파티피람, 회향, 매발톱꽃, 12단 앵초, 사철나무, 안개꽃, 오리주
루란, 으름.

● **포인트** : 오아시스를 4㎝ 두께로 잘라 알미늄 호일로 밑을 싼다. 잎을
매스형으로 모아 오아시스를 커버한다. 평행형의 변형으로 배치한다.

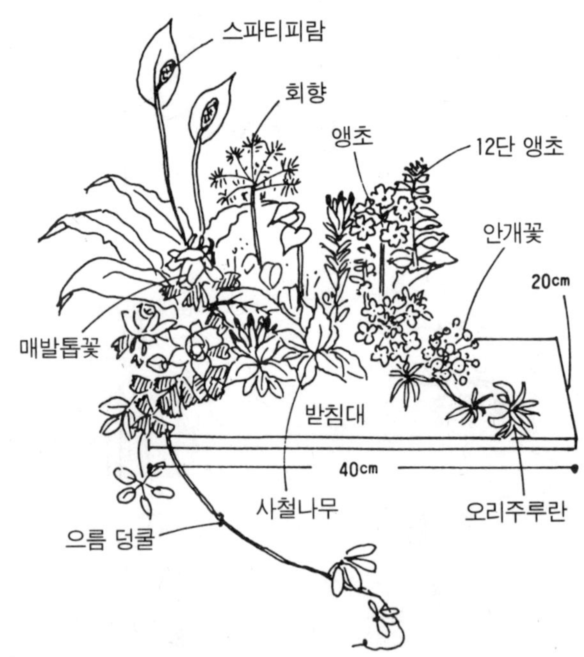

디자인 22

아이들의 생일 파티에

● **화재** : 아스파라가스, 치콜리(Chicory), 작은 토마토, 그린피스, 파셀리, 친겐사이 (青梗菜) , 양배추, 은방울꽃, 유코코리네, 안개꽃, 제라늄.

● **포인트** : 13×10㎝ 의 오아시스를 접시 한 쪽에 만들고 파셀리로 커버한다. 왼쪽에 치콜리를 꽂고 친겐사이와, 아스파라가스는 줄기 끝을 비스듬히 잘라 꽂는다.

작은 토마토와, 그린피스는 길게 꽂아 조화시킨다. 양배추는 물에 담가 흠뻑 물을 머금게 한 뒤 놓고, 잎 사이에 줄기를 짧게 쟈른 꽃을 꽂는다.

배합을 위해 마지막에 꽃을 배정하여 꽂는다.

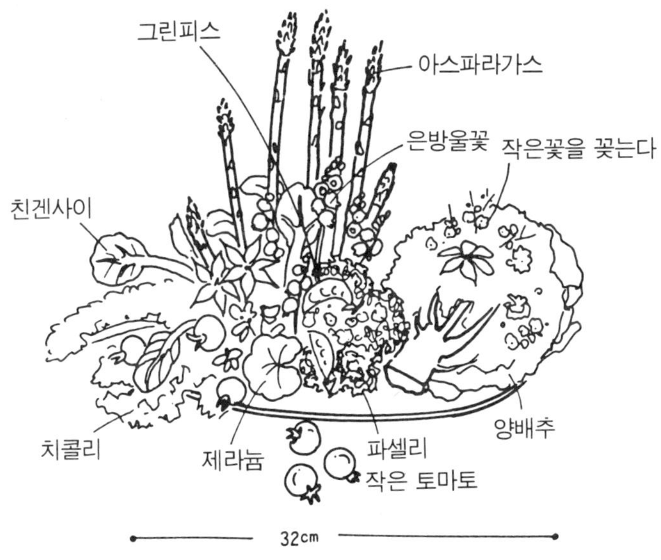

디자인 23

리스

● **화재** : 장미, 스타블루, 회향, 부바리아, 레이스 플라워, 무스카리,

스카시 유리, 스프레이 국화, 아이비, 오리쯔루란, 거베라, 후리지아, 안개꽃, 매발톱꽃, 스타치스, 데모르오세카, 작은 카네이션.

● **포인트** : 리스의 베이스는 기성 오아시스로 되어 있는 대소 리스를 사용한다. 큰 리스에는 이탈리아 인형의 작은 꽃 그릇을 놓는다. 어떤 리스든 우선 아이비 등의 잎을 꽂아 오아시스를 커버한다. 인형 그릇에도 작아 오아시스를 넣어 스타블루와 레이스 플라워를 꽂는다. 꽃은 전체 줄기를 3~4cm로 짧게 꽂아 놓는다.

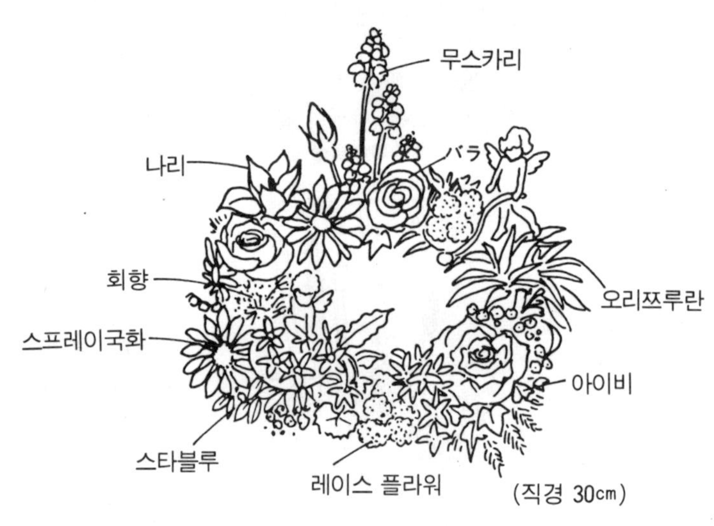

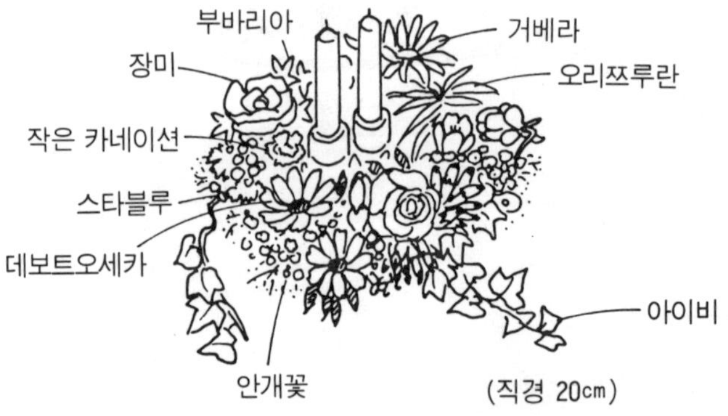

디자인 24

플라워 커텐

● **화재** : 코르빌, 카네이션, 송충초, 스타블루, 유코코리네, 아네모네, 레이스 플라워, 모루세라, 패랭이꽃, 무스카리, 석화에니시타, 젖꼭지나무, 모란채, 사철나무, 안개꽃, 층층나무, 아카시아.

● **포인트** : 그릇에 오아시스를 3cm 정도의 두께로 만들어준다. 카네이션이나 송충초 등 매스 플라워와 잎을 베이스에 배합시킨다.

잎단추나 젖꼭지 나무를 악센트로 꽂고 레이스 플라워 등의 작은 꽃을 흐뜨려 꽂고 마지막에 층층나무 가지를 숲과 같이 세워 석화에니시타 끝을 흘려준다.

매스 그룹형의 변형 조합이라 꽃의 직경은 3~5cm로 짧게 꽂는다.

꽃 하나를 사용하여 작은 꽃다발을 만들어 손님에게 선물하도록 하자.

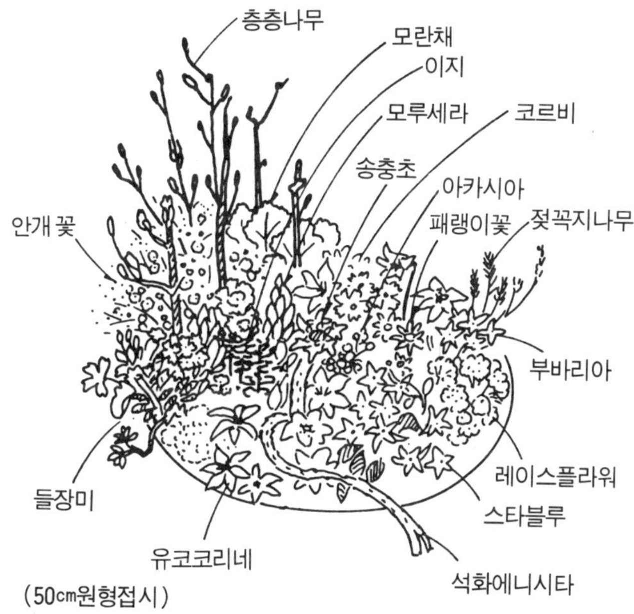

표지 커버의 디자인

생일파티 선물

● **화재** : 스위트피, 안개꽃, 카네이션, 마가렛, 장미, 브바리아, 리본, . 레이스
깔개.

● **포인트** : 성인 여성의 생일파티 선물을 위하여 디자인하였다. 여성은
몇 살이 되든지 귀여운 것을 좋아한다. 엷은 퍼플색의 유리그릇에 핸들,
핑크 리본과 레이스로 된 깔개를 프릴을 대신하여 사용한다.

　달콤한 분위기로 마무리하기 위하여 핑크 계열의 꽃을 안개꽃과 마
아가렛으로 오버레인지시킨다.

꽃을 덮듯이 해서 꽃색이
투명하게 보이는 효과를
낸다

■손잡이

10cm 남긴다
1.5cm폭, 1.5m의 醋을
셋으로 꺽어 카리큐스를
심지에 세 개 짠다
22와이어
카리큐스
① 프롤러 테이프
② 티슈 페이퍼
③ 2.4cm 폭 리본
①②③의 순으로 감는다
10cm
호일로 싼
오아시스
1/2개
레이스드일리
꽃병

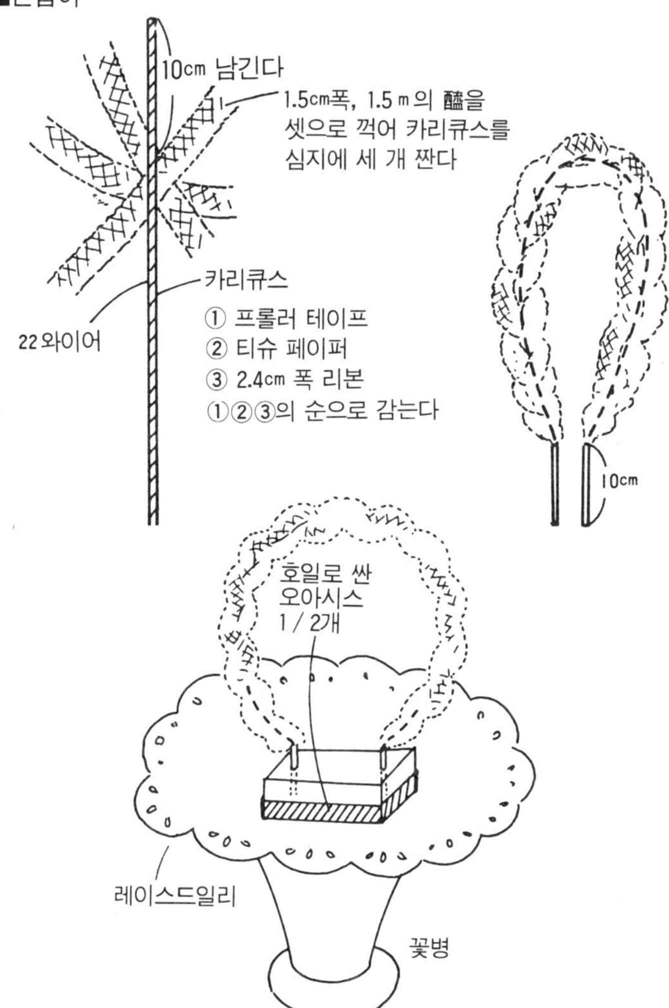

테이블에 피는 디자인 꽃

디자인 25

테이블 센터의 테두리 장식

● **화재** : 그레고리 장미(꽃잎·꽃심＝오간디, 꽃받침＝새틴), 시노모코장미(꽃잎·꽃받침·잎＝새틴), 조팝나무(꽃잎·잎＝목면).

● **포인트** : 테두리를 하면서 꽃 줄기는 부드럽게 해 둔다. 줄기는 솎아낸다. 이 디자인으로 꽃을 평평하게 만들고, 컷워크 테이블 크로스로 꽃듯이 하는 것도 가능하다. 이때 천은 코튼계, 면빌로드, 비닐레쟈 등을 선택하여 밑그림을 그려 단단하고 비뚤어지지 않도록 만든다.

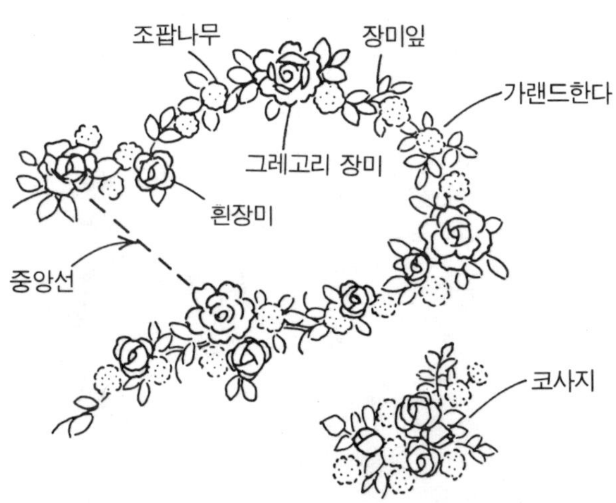

디자인 26

장미 만찬회

● **화재** : 콘스탄스플레이 장미(꽃잎=쯔이루, 꽃받침·잎=새틴), 들포도(열매=크레이프드신·실, 줄기=새틴), 치치코풀(꽃잎=흰 모, 꽃받침=실, 잎=면빌로드, 줄기=박견·면빌로드)

● **포인트** : 장미와 들포도는 줄기가 너무 흐물흐물해지지 않도록 중간에 늘어뜨릴 때 축 늘어지지 않을 정도로 정리해 준다. 캔들대파에 야초를 더하여 화려하면서도 침착함이 있는 배합을 연출해 본다.

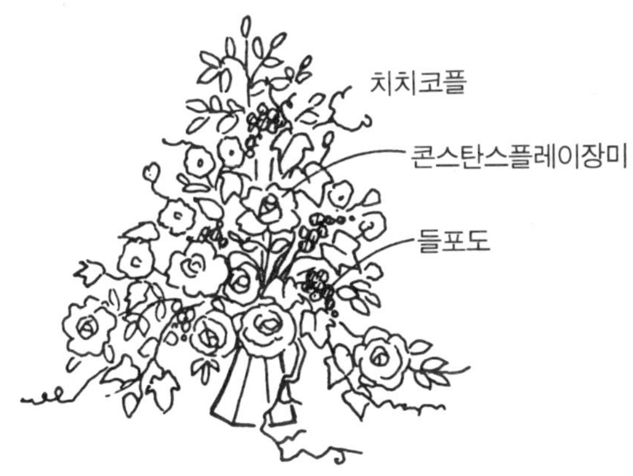

■그레고리 장미

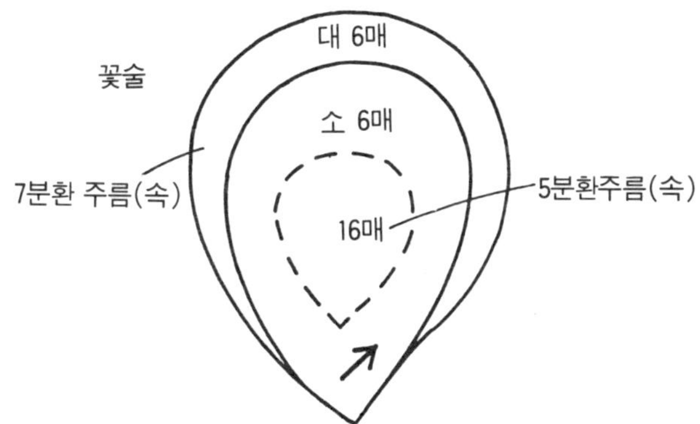

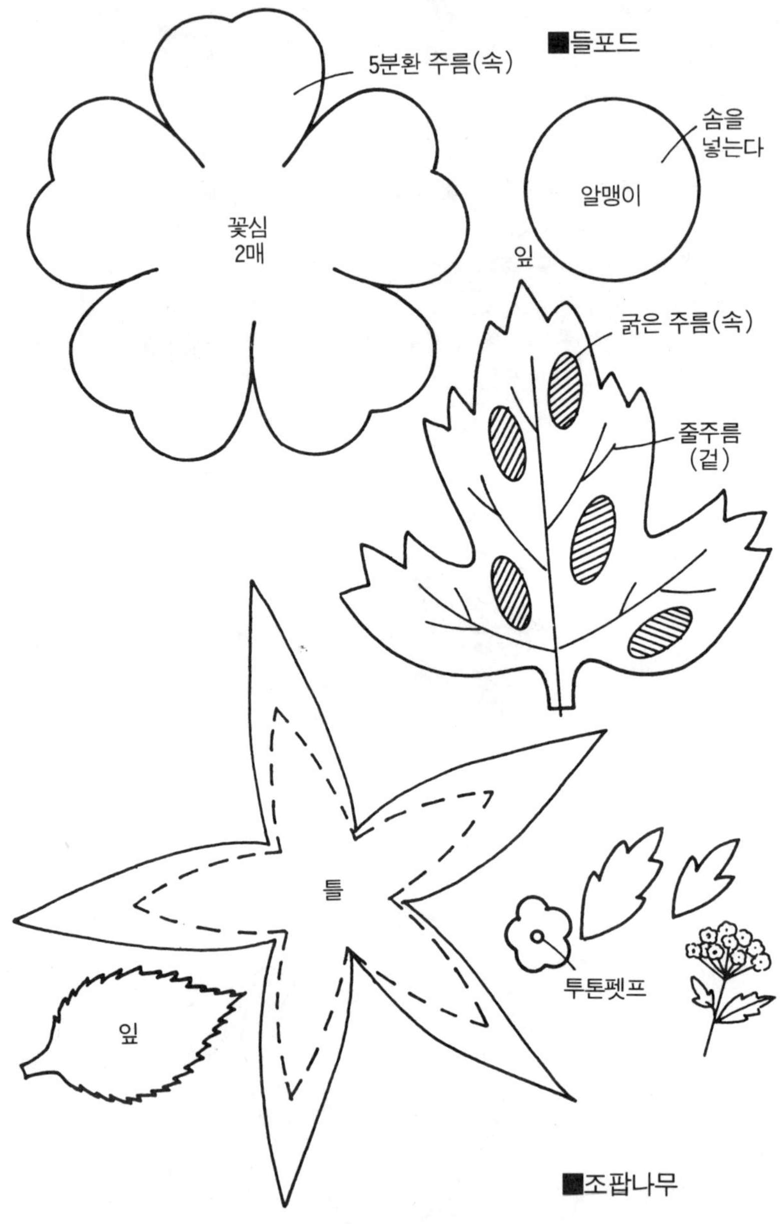
5분환 주름(속)
꽃심
2매
■들포드
알맹이
솜을
넣는다
잎
굵은 주름(속)
줄주름
(겉)
틀
잎
투톤펫프
■조팝나무

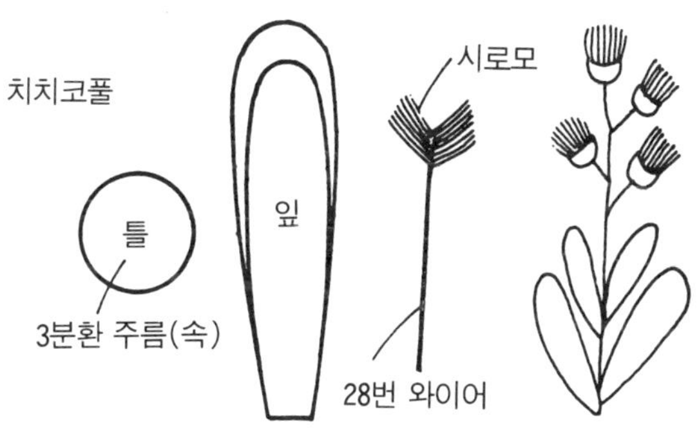

디자인 27

은혼식의 테이블 배합

● **화재** : 이키시아, 알리움, 베르베르마키니아, 철쭉꽃, 스마이락스, 4mm 은 구슬, 리본.

● **포인트** : 오아시스를 원추형으로 매끈하게 자르는 것이 중요하다.

오아시스에 철쭉꽃을 심어 넣듯이 짧게 본체에 꽂는다. 이키시아를 나선형으로 꽂고 그 양측과 왼쪽에 알리움꽃을 꽂는다.

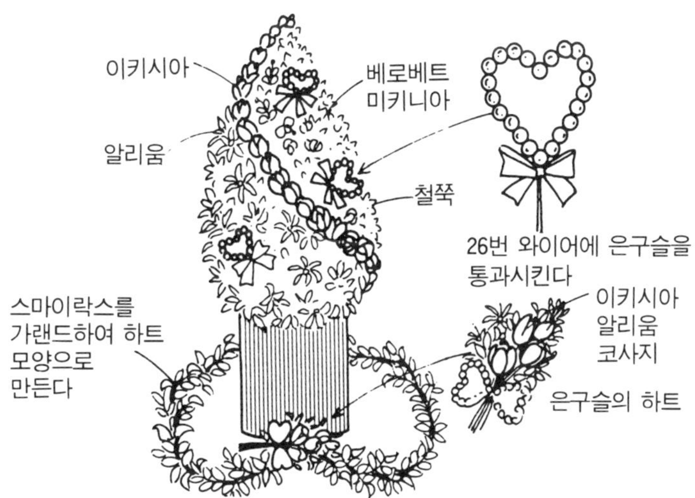

디자인 28

채소로 만드는 나뭇잎 데코레이션

● **화재** : 치콜리, 친겐사이, 고추냉이, 송이버섯, 그린네클레스, 무 , 서니래터스, 채꽃, 트래디스칸차칼리사, 금색 가지, 금색 천, 금색 리본, 컵.

● **포인트** : 잎의 형태로 자른 금색 천에 맞추어 물을 넣은 컵을 놓고 층을 만들듯이 같은 종류의 채소를 묶어 꽂는다.

병든 잎과 같이 보이게 하려는 부분은 갈색의 반점과 잎을 사용한다.

전체가 정리되면 잎맥에 금가지와 그린네클레스를 놓는다. 오른쪽 컵과 같은 다지마지풍으로 배합하여 전체를 만들어도 좋다.

파티가 끝나면 하나하나의 컵에 리본을 묶어 꽃 한 송이를 꽂아 선물로 주어도 좋다. 작은 컵을 사용하면 작은 잎 형태가 된다.

디자인 29

예술적인 테이블 배치

● **화재** : 후리지아, 채꽃, 보춘화, 바위취, 으름, 그린네클레스, 트레디스칸챠카릿사, 장미, 담쟁이덩쿨, 제라늄, 브루스타, 마취목.

● **포인트** : 장미 꽃잎을 모은 빅토리안 로즈, 제라늄 잎을 모아 만든 장미잎, 후리지아 꽃잎으로 만든 달리아꽃에 여러 종류의 잎을 합한 묘미를 디자인해 보았다. 각각 독립된 디자인이기 때문에 상황에 맞추어 이동하며 장식한다. 차와 꽃과 대화를 즐기는 여성을 위한 디자인이다.

꽃을 정리할 때, 꽃잎 사이의 화기부(花基部)에 티슈페이퍼를 첨가하여 물을 머금게 하여 이것을 앞으로 커버한다.

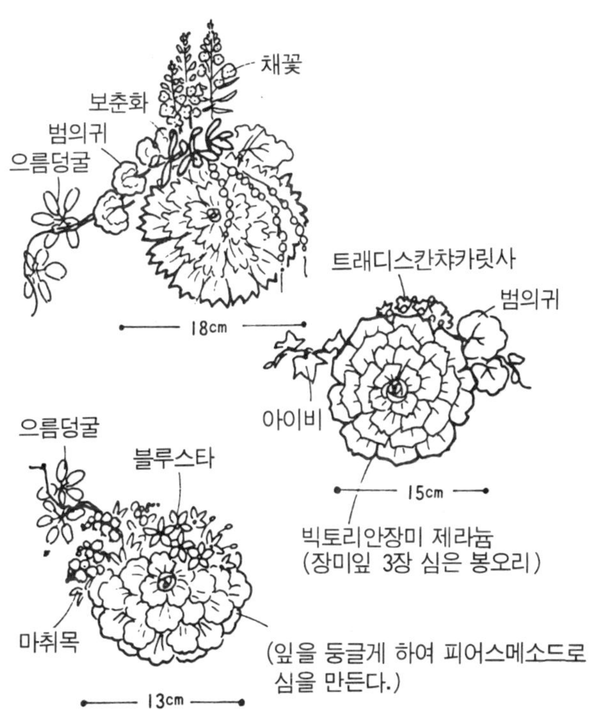

크리스마스에 모이는 꽃들

디자인 30

트리 도어 스워크

● **화재** : 벤자민의 고목, 그외는 그림 참조.

● **포인트** : 파티의 손님에게 선물도 할 수 있는 겸용 장식이다. 작은 나무의 가지를 사용하여 코사지를 단 테이블 콜렉션도 이 디자인에서 고안되었다.

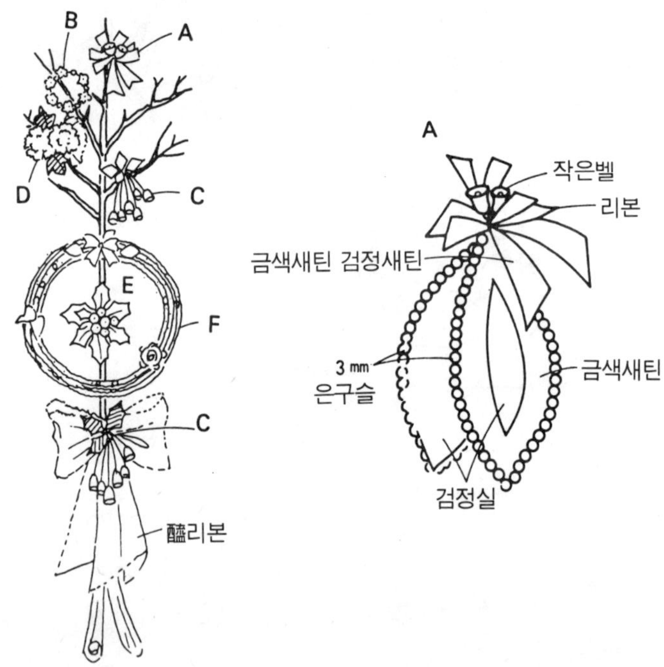

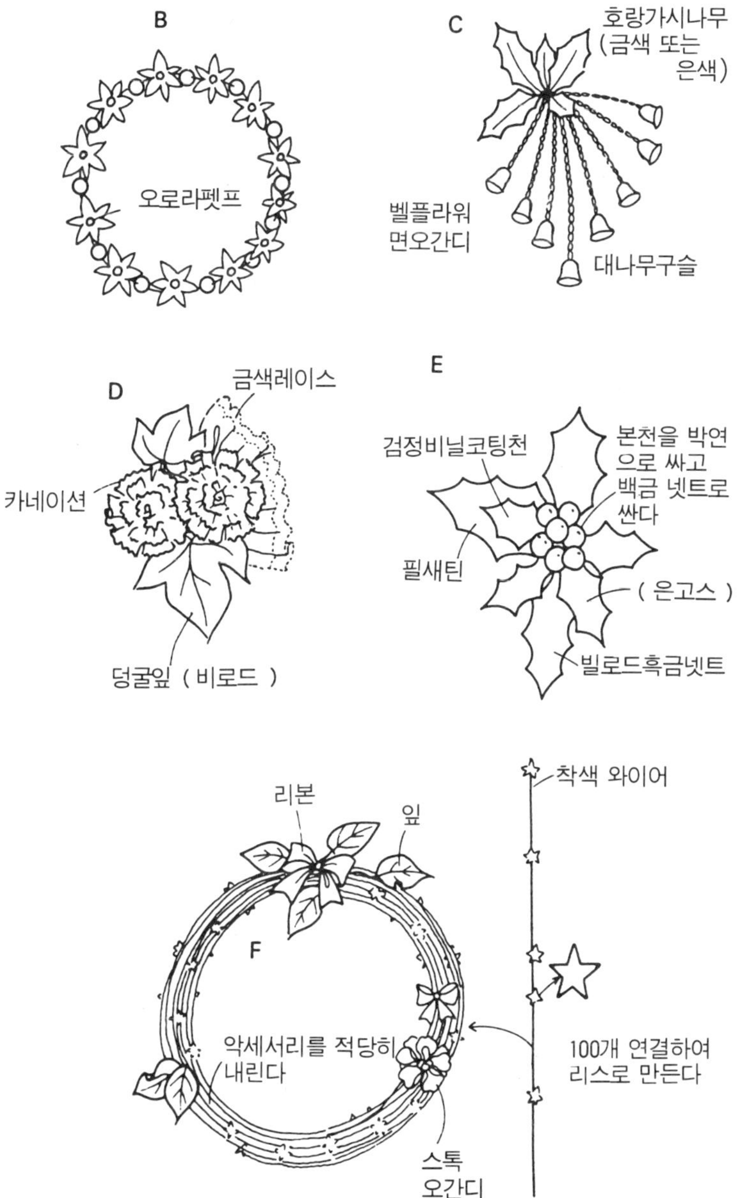

B
오로라펫프

C
호랑가시나무
(금색 또는
은색)
벨플라워
면오간디
대나무구슬

D
금색레이스
카네이션
덩굴잎 (비로드)

E
검정비닐코팅천
본천을 박연
으로 싸고
백금 넷트로
싼다
필새틴
(은고스)
빌로드흑금넷트

F
리본
잎
착색 와이어
악세서리를 적당히
내린다
스톡
오간디
100개 연결하여
리스로 만든다

■모나르다

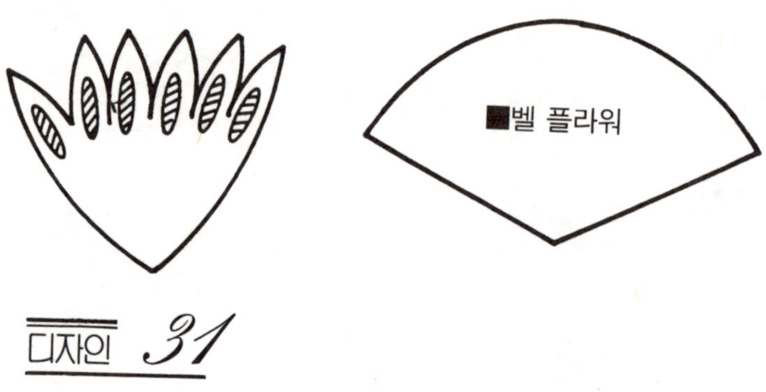

디자인 31

성운 (星雲) 과 닛파야시의 벽장식

● **화재** : 은고스, 은츠브시펫프, 은새틴 천, 툴 1.2cm폭의 새틴, 리본, 은색 롤도리봉, 은색으로 착색한 포피심펫프, 회색으로 물들인 소프트 툴, 티슈페이퍼.

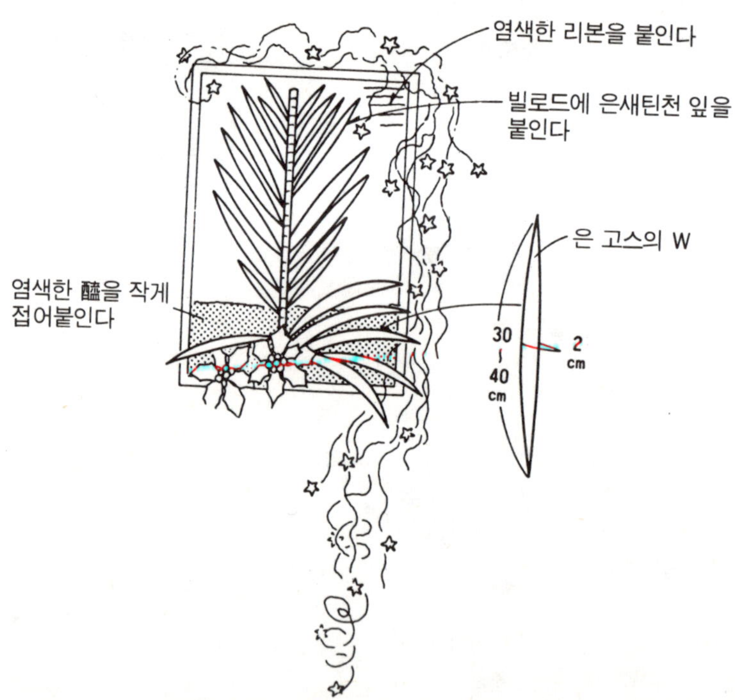

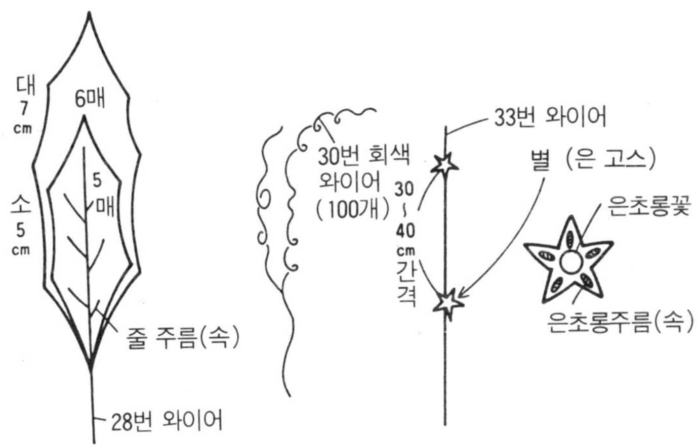

● **포인트** : 성운은 30번 와이어를 회색으로 물들여 송곳에 감아 나선형
으로 한 것을 100개 정도 만든다. 별이 붙은 것은 1m 정도로 모은 것을
휘감기게 하여 이어두고, 직경 2.5m 정도의 원을 좁게 만든다. 이것을 곳
곳에 짜듯이 모으고 잡아 당기듯이 넓혀서 구름 형태를 만든다. 액자를
장식하는 경우 성운을 투명한 압정으로 고정한다.

디자인 *32·33*

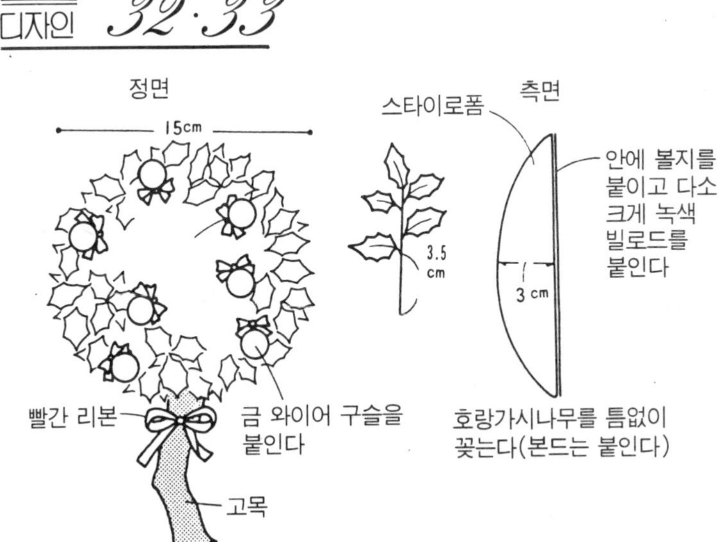

미니 튜어 추리

● **화재** : 참가시은계목, 고목 6mm 폭의 빨간 리본, 금색 와이어 구슬, 각재 (폭 1. 5cm 두께 5mm), 진주 7종, 1. 5cm 폭의 금색 리본, 국화형 플라스틱, 금색으로 착색한 작은 가지, 스타이로폼.

● **포인트** : 스타이로폼에 꽃을 꽃을 때는 와이어에 테이프를 감고, 일단 송곳으로 구멍을 뚫고, 줄기에 본드를 묻혀 꽂으면 꽃이 빠지지 않는다. 각재의 트리 쪽은 나뭇가지를 사용하여 틀을 만들어도 좋다.

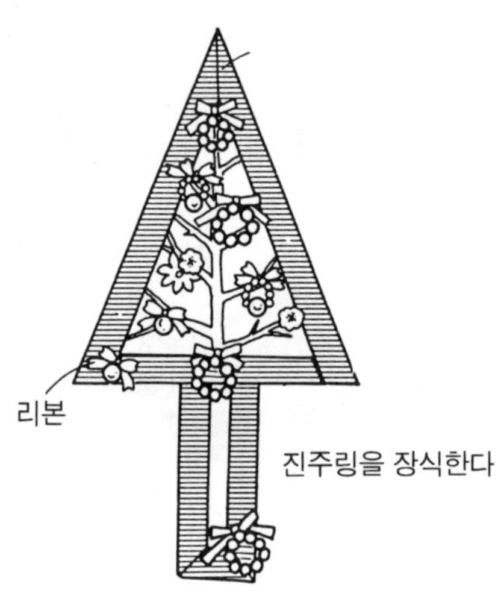

디자인 *34*

멋진 그린색의 크리스마스 데코레이션

● **화재** : 전나무, 그린네클레스, 참가시은계목, 아지언탐, 보스톤팬, 스마이락스, 안개꽃, 솔방울, 금색 진주 등 덩쿨, 스팽콜리본, 1.5cm 폭의 금색 리본.

● **포인트** : 적색과 녹색의 원패턴의 데코레이션은 재미없다고 생각하는 분은 무채색에 가까운 지적인 데코레이션이 어떨지. 특히 계절꽃 등 자신이 찾은 재료로 장식하는 분은 즐거움도 배가 된다.

■크리스마스 테코레이션

설날 축하 인테리어꽃

디자인 *35*

데코레이션

● 화재 : 층층나무 (금고스, 오타흐구대펫프) , 안개꽃 (금고스, 새 틴, 금색소옥, 펫프, 츠톤펫프) , 레이스 모양의 화지, 금 새 틴 상자.

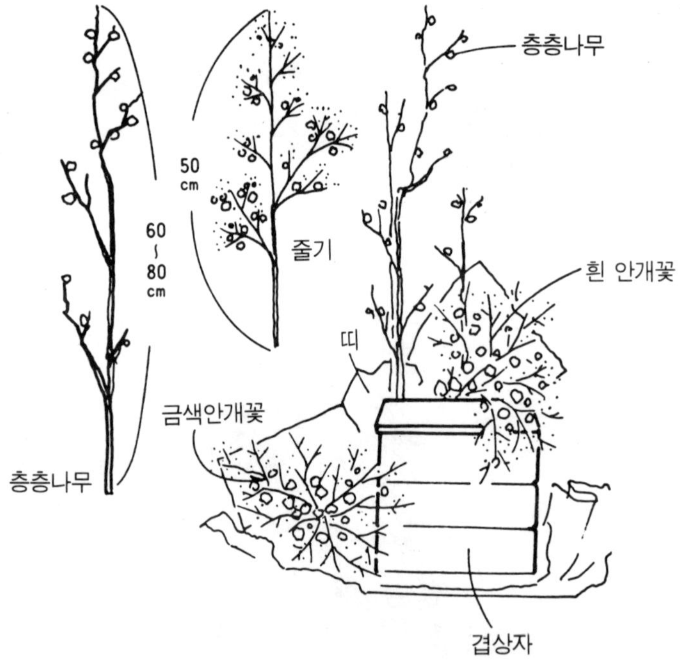

● **포인트** : 층층나무 대가지 하나에 벽돌색부터 짙은 갈색까지 4가지 색의 변화를 주고 있다. 이 디자인은 상자와 그 주변의 연출을 정리해 주는 것이 선행이고 꽃은 간략화 하였다. 띠는 새틴 천을 이중으로 하여 만들었다. 완성한 결과만이 아닌, 만들어가는 진행을 즐기는 디자인이다.

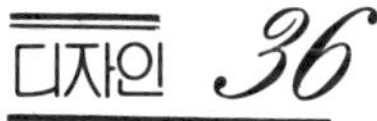

디자인 36

양배추 장식품

● **화재** : 양배추 (잎·잎맥＝새틴, 줄기·잎＝새틴), 줄 (끈), 금색 띠형의 리본.
● **포인트** : 양배추는 면을 심으로 하여 작은 잎 1장으로 싸고 다시 작은 잎 3장으로 싼다. 계속해서 소엽, 중엽, 대엽과 같이 반복한다. 잎은 소엽을 제외하고 가운데 밖으로 낸다.

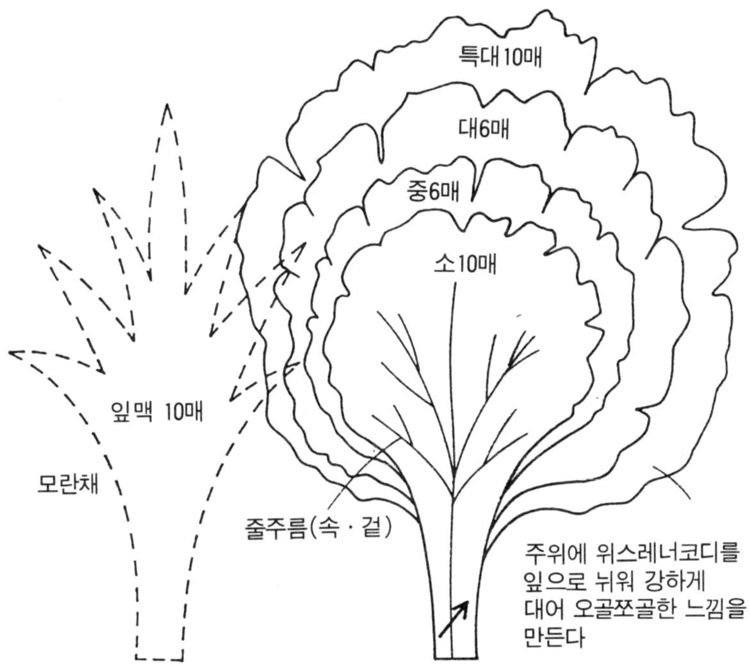

양배추를 그릇에 배치하면 남천 등을 첨가하고 싶어지고 너무 평상적이 되어 버리기 때문에 장식물로 놓고 장식해 보면 여러가지 아이디어가 생겨나게 된다. 칠이된 화반에 놓아도 좋다.

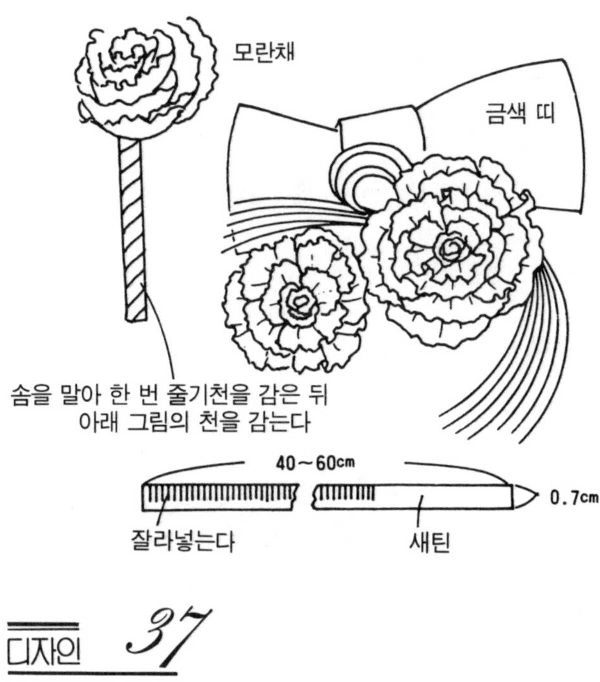

디자인 37

길흉을 점치는 가지

● **화재** : 운동류, 동백나무 (꽃잎＝본견, 크레이프드신, 꽃심＝실, 잎ㆍ줄기ㆍ꽃받침＝빌로드, 츠브시펫프), 스타플라워의 가지 (꽃잎＝새틴, 줄기＝박견), 1.2cm폭 새틴, 리본, 금색 새틴천.

● **포인트** : 동백나무 잎에 부풀림을 주어 기부 (基部) 에 면을 놓고 통형으로 하였다. 꽃잎은 바깥에 주름이 들어가지 않도록 고데를 댄다. 작은 꽃의 가지는 운동류에 감게 하여 가지를 넓힌다.

통형의 그릇이나 커다란 단지형의 그릇일 경우는 밑에 무거운 점토나 모래를 넣고, 그 위에 단단히 감은 신문지를 대어 배열한다. 꽃이 많을 때는 배열하면서 신문지를 벗겨간다.

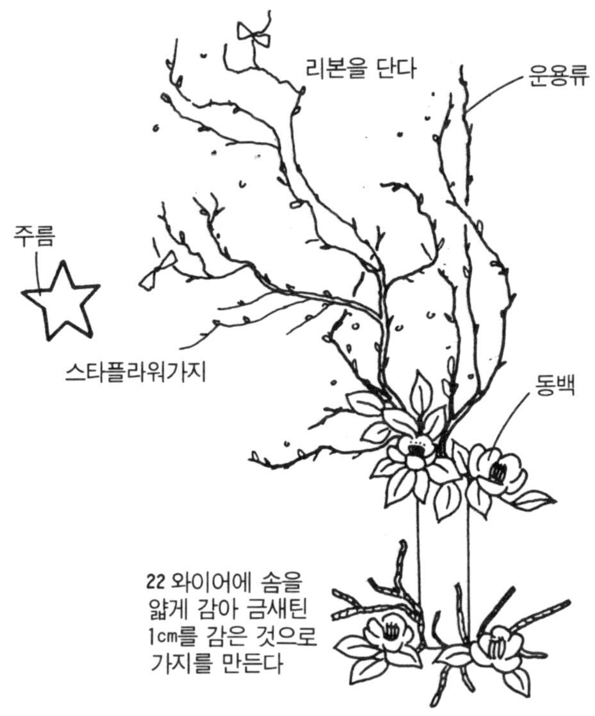

디자인 38

녹색의 부처에게 바치는 떡

● **화재** : 대나무, 커틀레어, 새우 난초, 레이스 플라워, 장미, 오오니소가람, 밀리오글라더스, 솔방울, 여삭여뀌, 컬러 와이어, 금색 고스천, 금색 레이스, 화지, 되.

● **포인트** : 꽃의 배열은 되 2개에 오아시스를 넣고, 1개에 검산을 넣는다. 컬러 와이어는 금은으로 모양 좋게 배치하고, 그 속에 되를 놓는다. 되 하나에 대나무를 세우고, 대나무와 컬러 와이어와 합쳐 꽃을 배치한다.

이 디자인은 그린의 신에게 바치는 떡과 대나무, 컬러 와이어의 배열을 각기 따로따로 장식할 수 있다.

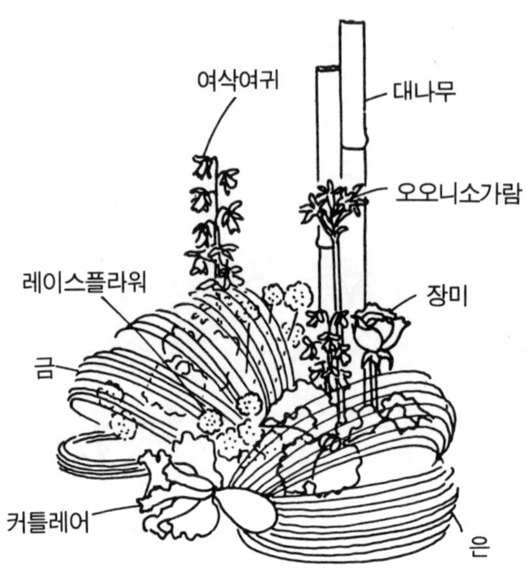

여삭여귀
대나무
오오니소가람
레이스플라워
장미
금
커틀레어
은

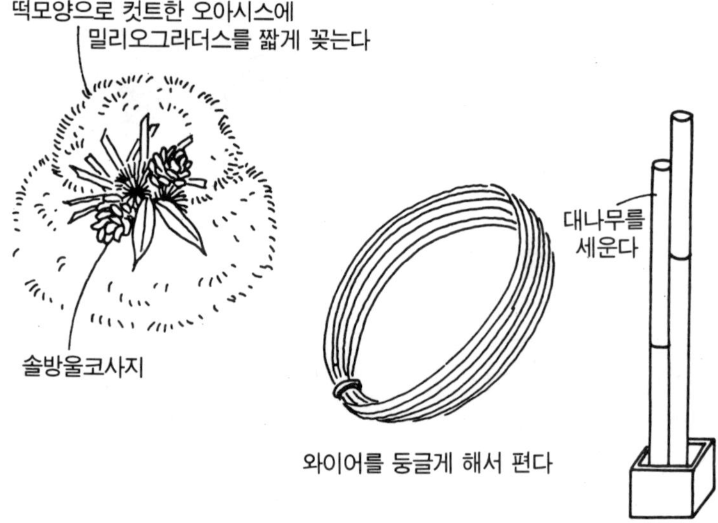

떡모양으로 컷트한 오아시스에
밀리오그라더스를 짧게 꽂는다
솔방울코사지
와이어를 둥글게 해서 편다
대나무를
세운다

벽면을 장식하는 릴리프 (벽걸이)

<u>디자인</u> *39*

삐에로와 팬시 플라워

● 화재 : 네메시아 (꽃·잎＝새틴, 꽃받침＝실, 소옥펫프) , 장미잎소 (小)
＝새틴, 들제비꽃＝새틴·실.

● 포인트 : 잎의 줄기를 15∼20cm 내고, 잎은 잎만으로, 들제비꽃은 들제
비꽃만으로 태두리를 장식한다. 줄기는 모두 24번 와이어로 하고 굵게되
는 경우는 자른다. 묶은 꽃은 40cm 정도씩 감아 두고 줄기를 낸 채로 모
아 리본을 묶는다.

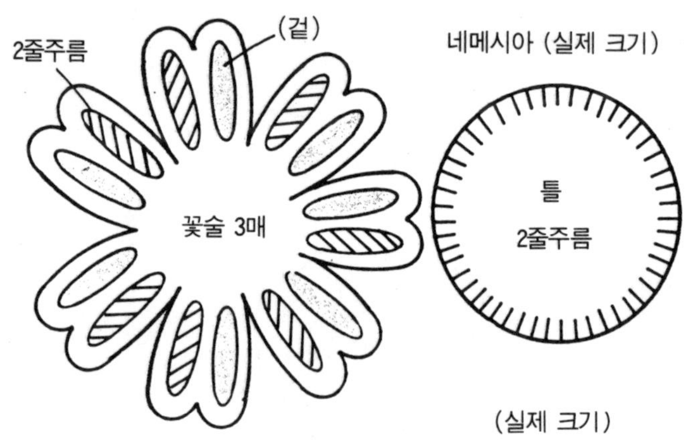

디자인 40

그림에 거는 꽃들

● 화재 : 부용 (꽃잎＝포플린, 꽃받침＝빌로드·실, 잎＝론) , 목련＝새틴＋
얇은 견, 장미윙크스＝츠이루, 침정화＝새틴.

● 포인트 : 꽃은 모두 가지형으로 모은다. 그림을 건다면 배치를 결정
하고 보이지 않도록 압핀으로 잎을 고정하여 장식한다.

　가지의 줄기는 너무 단단하지 않도록 2번 와이어를 사용한다. 줄기가
단단하면 압핀으로 고정시킨다. 그림이나 포스터를 함께 장식할 때는 꽃
색을 그림 속에서 몇 개 선택하면 잘 조화하여 장식의 역할을 다하게 된
다.

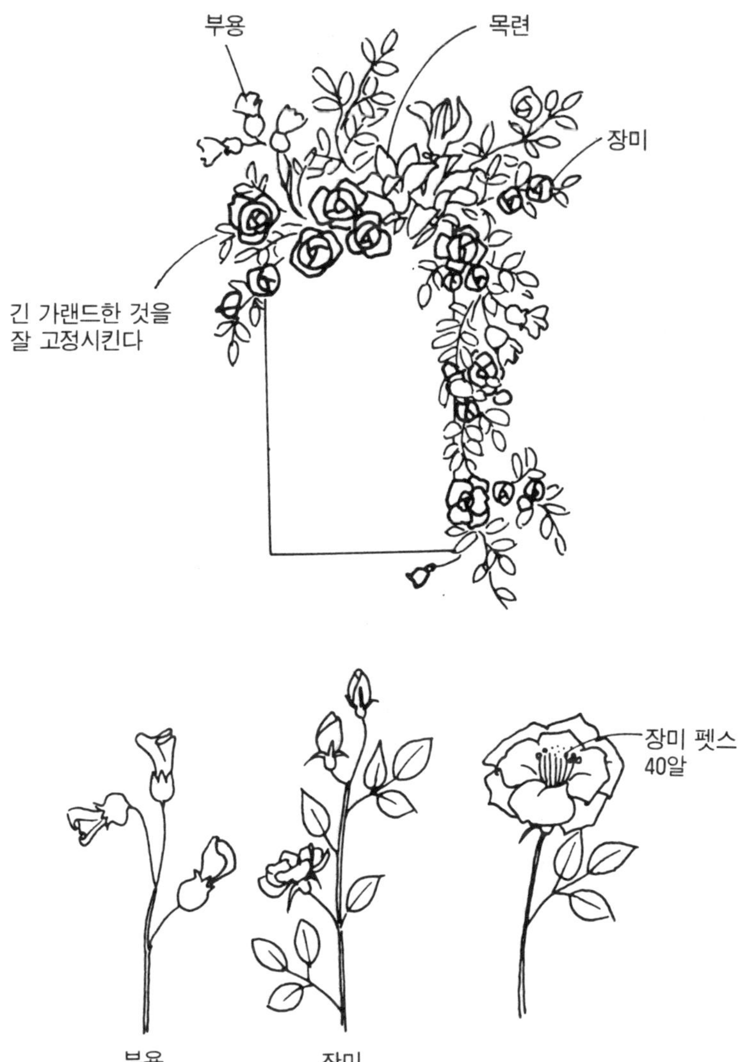
부용
목련
장미
장미
긴 가랜드한 것을
잘 고정시킨다
부용
장미
장미 펫스
40알

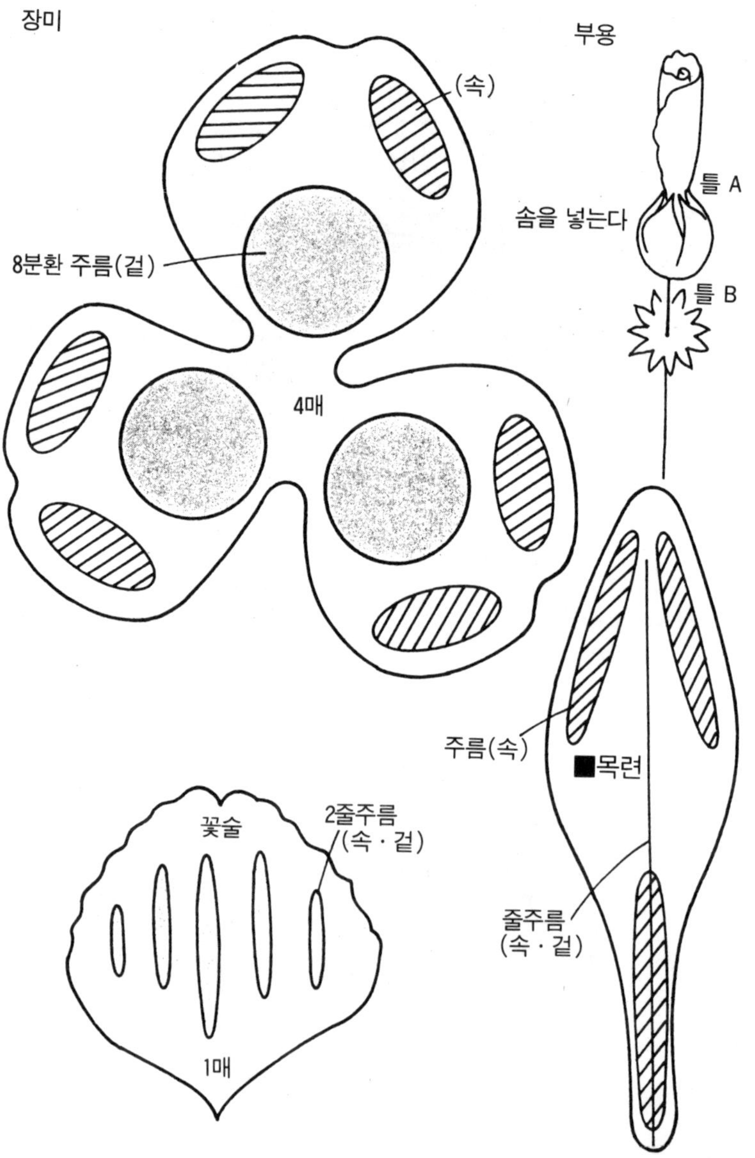
장미
부용
(속)
틀 A
솜을 넣는다
8분환 주름(겉)
틀 B
4매
주름(속)
■목련
꽃술
2줄주름
(속·겉)
줄주름
(속·겉)
1매

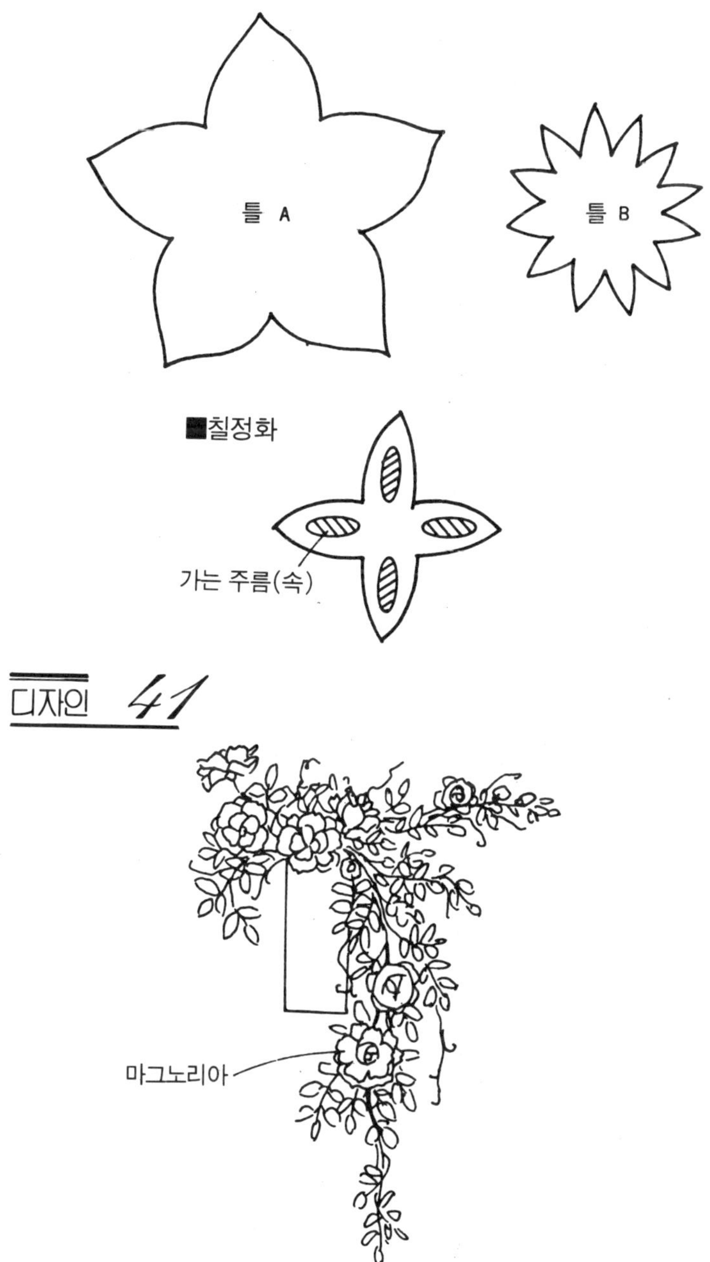

디자인 41

벽면으로 뻗어 가는 꽃

● 화재 : 금낭화 (꽃=포플린, 잎=오간디 W), 마그노리아 (꽃잎·꽃심=
실, 꽃 안의 천=얇은 견, 줄기·꽃받침=빌로드).

● 포인트 : 금낭화, 마그노리아 모두 각각으로 테두리를 장식한다. 마그노
리아 줄기는 너무 단단하게 만들지 않도록 한다.

　인테리어 벽면에 장식하는 것은 꽃줄기 길이를 10㎝ 이상 잘라, 작은
꽃은 15㎝ 정도 길이로 하는 편이 꽃과 꽃 사이가 비어 가볍고 경쾌하게
보인다.

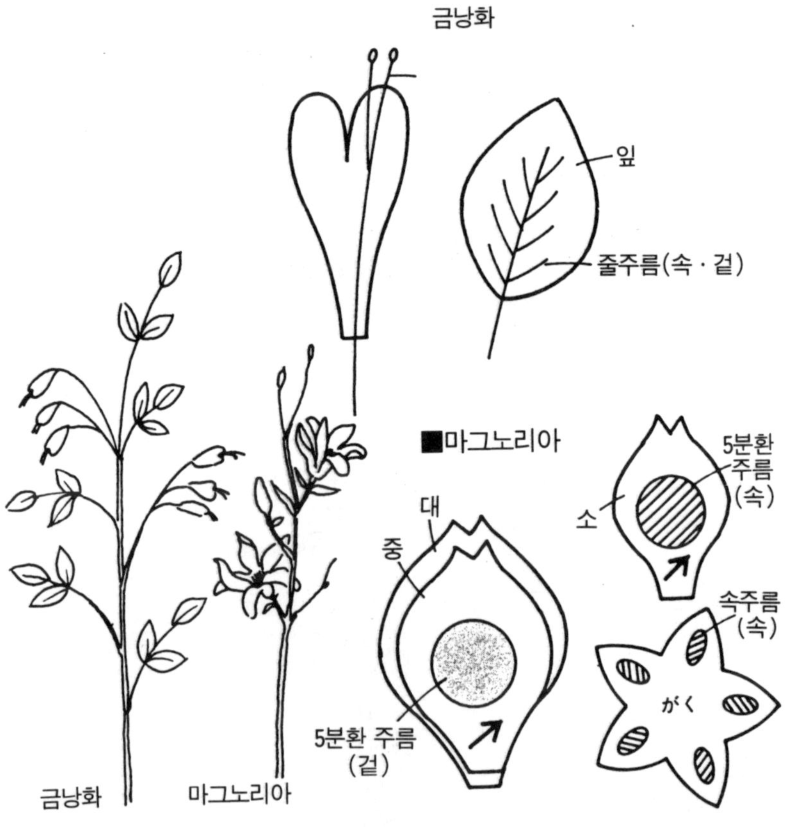

디자인 42

작은 새를 위한 꽃침대

● **화재** : 마그노리아＝면빌로드, 안개꽃＝새틴, 튜울립＝면오간디 · 새틴, 질경이＝실 · 츠톤펫프, 모나루더＝새틴 · 꽃심 · 오타후쿠 펫프 · 플라스틱 구슬, 얇은 견, 끈, 작은 새.

● **포인트** : 어른의 세련됨을 디자인한 것이지만, 소박한 터치로 마무리하였다. 은색, 흑색, 퍼플 등의 색채로 환상적인 표현을 해도 좋은 아이디어이다. 꽃은 작은 새의 집같이 모아져 있다.

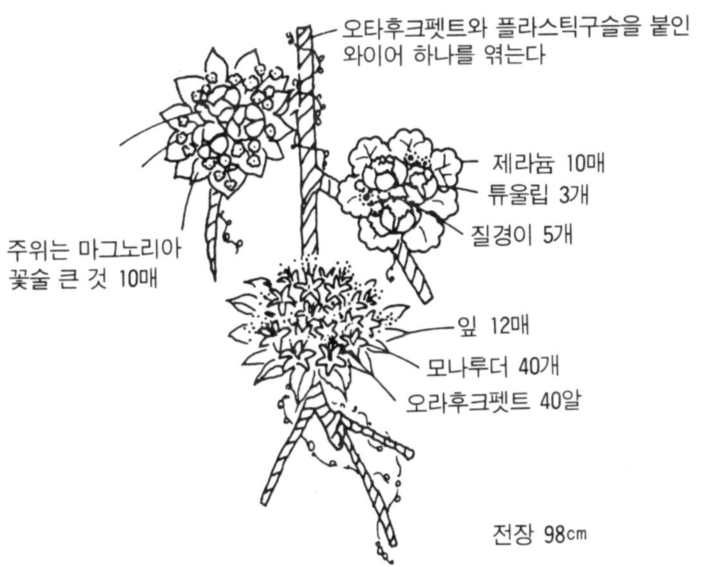

디자인 *43*

나뭇잎의 월데코

● **화재** : 비닐 인조가죽, 얇은 견 잎, 오간디, 코튼, 실, 새틴, 파일, 빌로드, 금천, 블레이드, 두가지 색의 끈, 그림, 스팽클 2종류 (원 · 잎형)

● **포인트** : 벽걸이 공작을 만드는 경우 아이디어이다. 색채는 중요하지만 제작상 조잡함이 없도록 한다. 품위있고 애정을 기울여 만드는 것이 포인트이다.

잎사귀의 베이스는 비닐 레자를 이중으로 하여 사이에 와이어를 꽂는다. 그 위에 잎맥을 따라 컬러플한 색을 넣는다. 다시 위부터 투명한 천의 잎을 겹쳐 만들며 밑 색깔이 겹쳐 비쳐져 그 색의 묘미를 표현한다. 겹치면 겹쳐진 만큼 깊이를 더한다. 재미로 스팽클을 붙이고 끈을 묶지만, 추억의 흑백 사진이나 귀걸이 등을 해도 좋다. 너무 크지 않고 세밀하게 만든다.

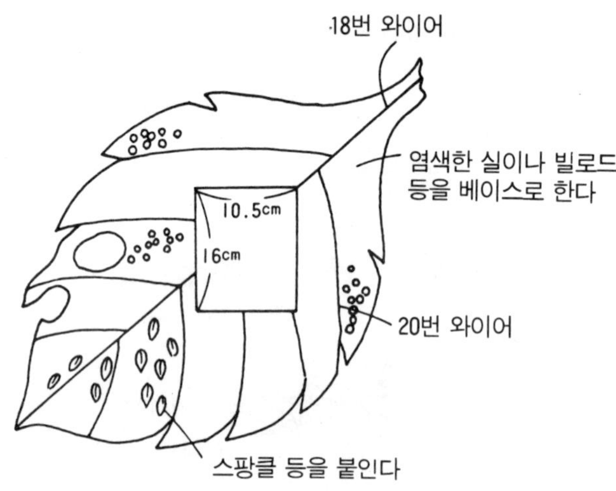

디자인 44

여름날의 추억을 상자에 담아서

● **화재** : 안스리움 (새틴, 꽃심＝파일) , 샤르르도고르 장미＝화학섬유 오
간디, 작은 라난큐러스 (얇은 견·본천, 잎＝새 틴·빌로드, 꽃받침＝새 틴) , 라 난
큐러스 (얇은 견 · 은 피치고스, 잎＝모아) , 페니크레스＝화학섬유, 오간디 · 새
틴, 작은 꽃＝새 틴 금색, 나뭇잎＝모아.

● **포인트** : 꽃은 아무래도 테두리에 붙이기 쉽도록 한다. 줄기는 숨어서
깔끔하게 마무리한다. 베이스는 판지 두 장을 겹쳐 실형의 은종이를 대
고 꽃을 싸서 와이어로 붙인 후 안쪽에도 은종이를 대어 정리한다. 이와
같은 벽걸이는 짧은 기간을 장식하기 때문에 단조롭지 않고 깊이 있는
색채를 고려하여 표현한다.

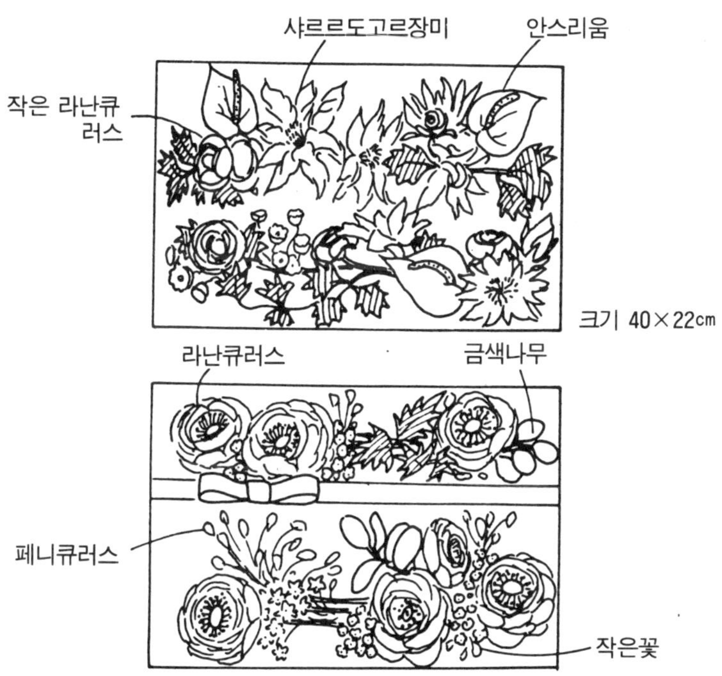

■안스리움

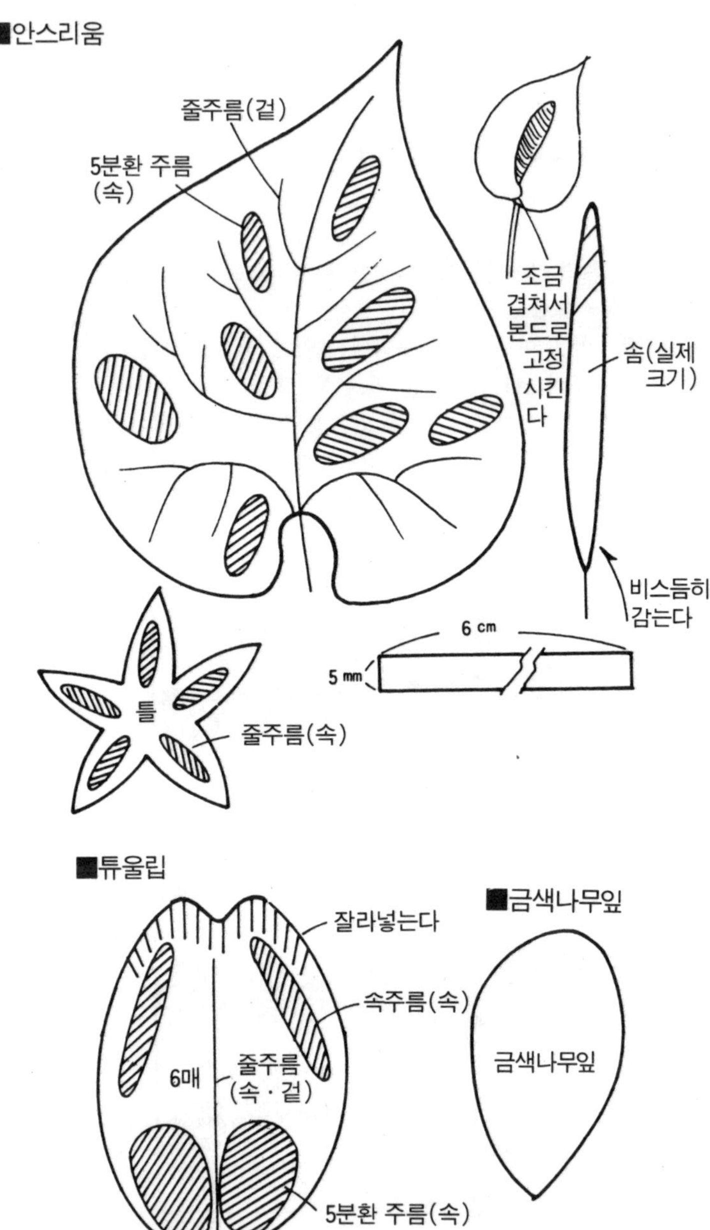

■튜울립

■금색나무잎

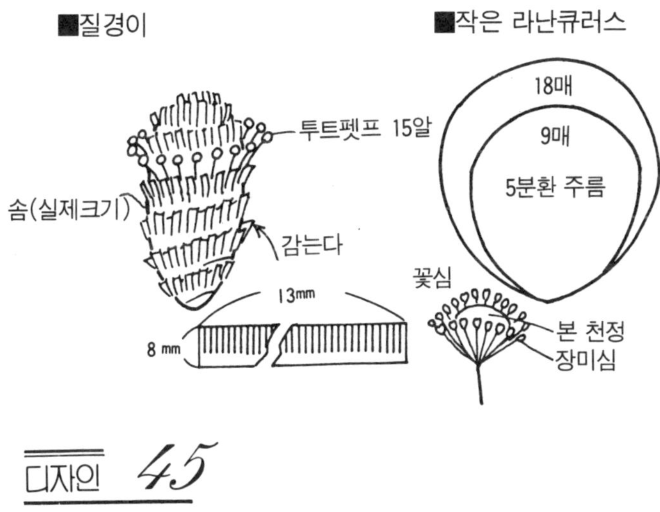

디자인 45

노란색의 메르헨

● **화재** : 미모자, 그린네클레스, 엔젤란프, 작은나데시코, 직경 2.2cm의비닐 호스, 1,3m 모헤어모사, 양면 테이프, 천사 인형.

● **포인트** : 비닐 호스에 물을 넣어 물이 넘치지 않을 정도로 구멍을 뚫고 꽃을 꽂아 디자인하고, 비닐 호스에 스모그트리를 오버랩시켜 그 사이에 꽃을 빼는 디자인으로 변경, 다시 스모그트리가 모헤어 모사로 변하게 하는 디자인이다.

디자인 46

아담과 이브

● **화재** : 레이스 플라워, 그린네클레스, 아지안팀, 에리카, 담쟁이덩쿨, 메탈 잎사귀, 동선, 녹놋쇠, 비닐선, 향수병, 금색 레이스, 리본, 액세서리, 병.

● **포인트** : 꽃에는 천진함이 없으면 절대로 재미있지 않다. 검은 나비타이가 아담, 흰색 리본이 이브이다. 단, 어디에 어떤 꽃을 놓을 것인가를 생각하여 와이어의 굵기를 선택하지 않으면 무거워 늘어지고 만다.

액자 안쪽에 압핀을 박아 와이어를 붙인다

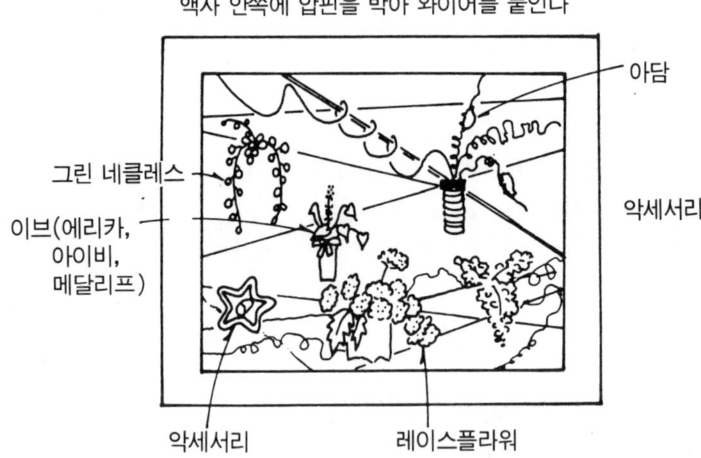

코너의 실내 장식에

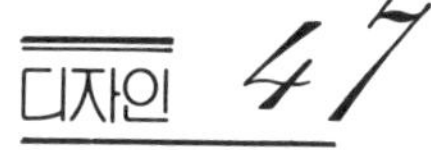

드라이 우드의 환타지

● **화재** : 보라색 담쟁이덩쿨 (꽃잎＝모아, 잎·줄기＝실, 잎＝빌로드, 안천＝얇은 견), 야이드버너＝얇은 견 장미 (꽃잎·꽃받침＝새틴), 등대꽃의 고목, 은색으로 착색한 돌.

● **포인트** : 보라색 담쟁이덩쿨과 장미는 3～5 바퀴 돌린 가지에 모으고 야이드버너는 꽃 7송이, 잎 5～7매의 덩쿨 가지를 만든다.

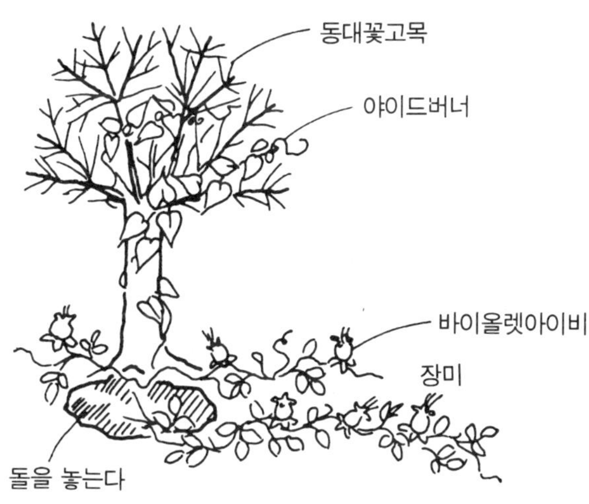

디자인 48

칡꽃의 조형 디자인

● **화재** : 칡꽃 (꽃잎＝이중잎 · 본견, 오간디, 잎＝순견, 새틴 · 본견, 오간디),
콘샐러드 (꽃받침＝목면, 잎 · 줄기＝얇은 견, 글라스펫프).

● **포인트** : 칡꽃은 스위트피의 작은 꽃을 만든다. 덩쿨형의 꽃이기 때문
에 와이어는 될 수 있는 한 유연하게한다. 잎 5조, 꽃 2～3조로 1㎝ 정도
의 덩쿨 가지를 만든다.

　직경 17㎝ 정도의 둥근 그릇을 거꾸로 놓고 이것을 베이스로 주위의
덩쿨을 감아간다. 둥글게 되었으면 잎과 꽃을 정리한다.

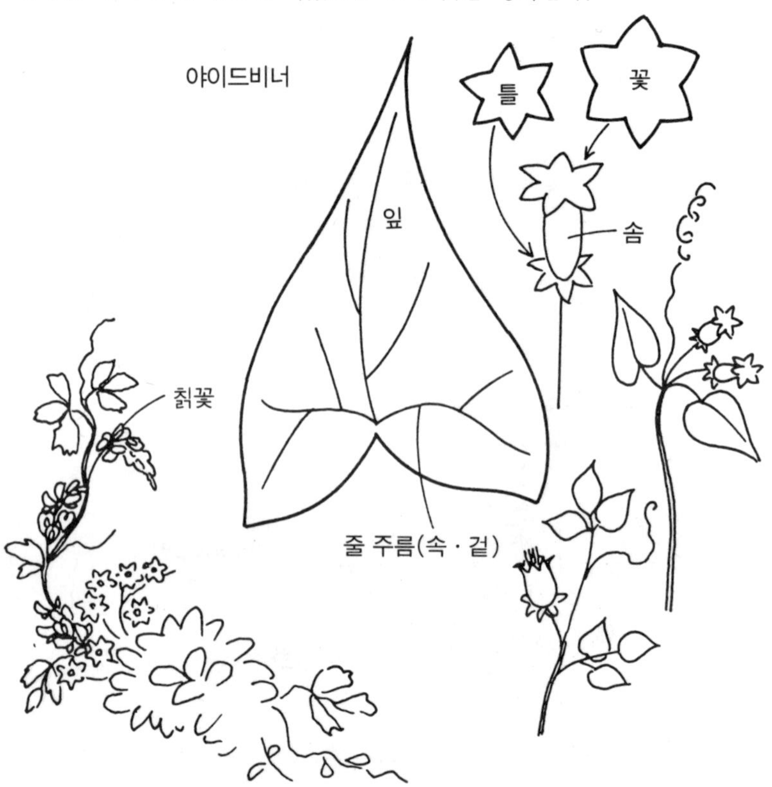

■바이올렛아이비

콘샐러드

꽃술 6매

목면으로
조인다

(겉)

2줄주름

립

(속)

칡꽃

대

잎
A

잎
B

대

중

중

소

소

주름은
A와 같다

꽃 술 주름

줄 주름

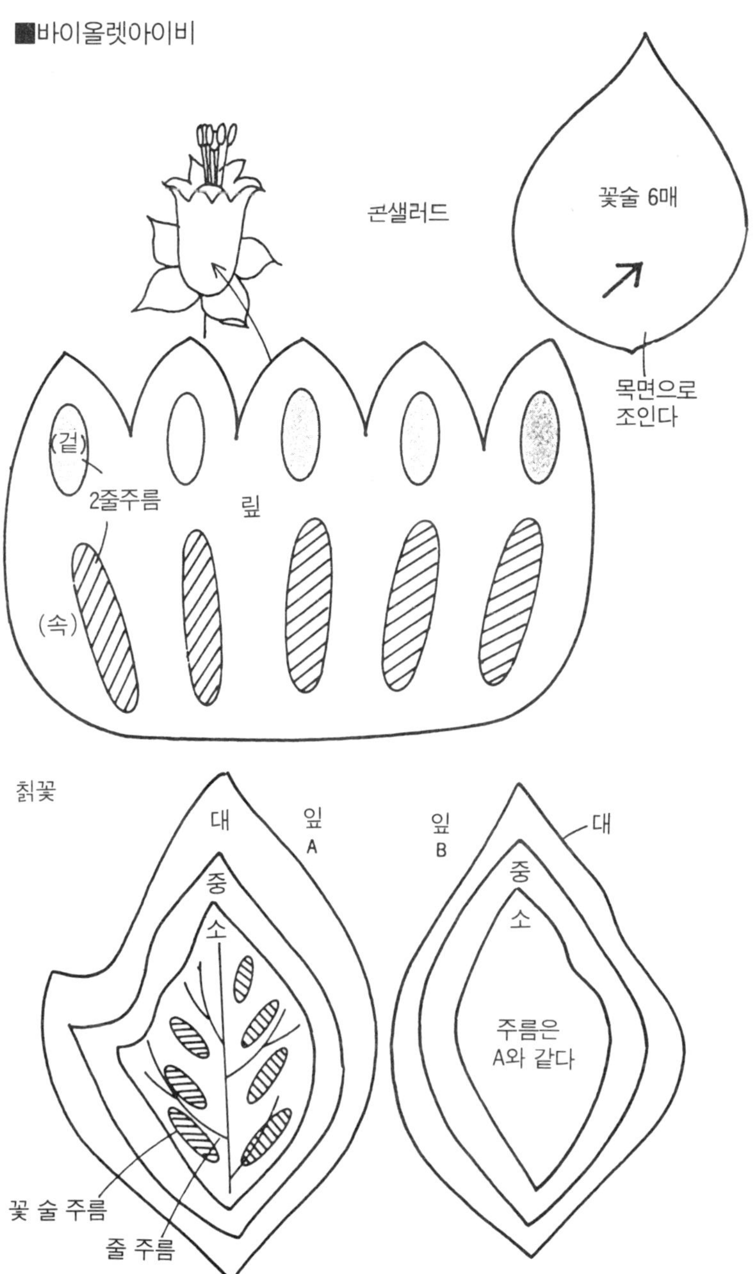

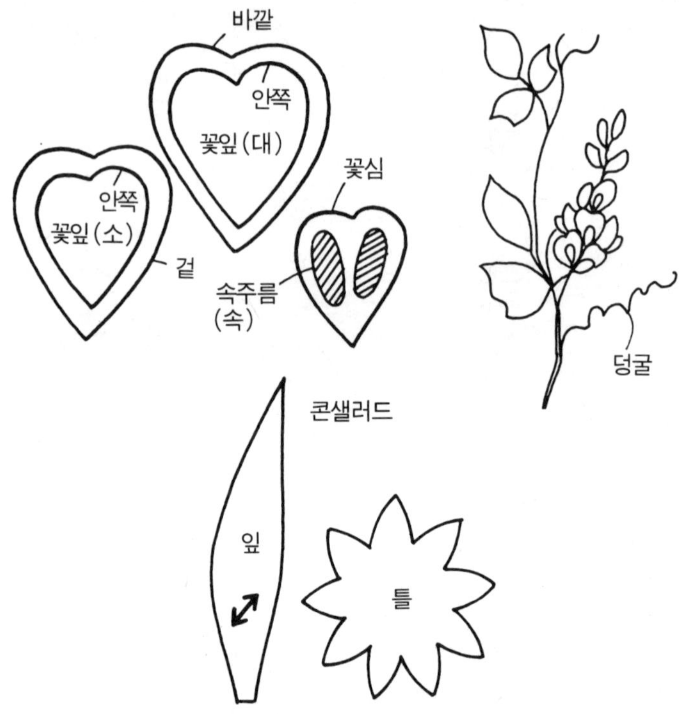

디자인 49

채소 트리

● **화재** : 버섯(머리·몸=모아, 안쪽=두꺼운 박견), 호박(열매=새틴, 꼭지=면빌로드, 직경=목면 : 얇은 견), 마늘(열매 = 박견W, 잎 = 새틴W, 뿌리= 얇은 견).

● **포인트** : 화병에 물들인 끈을 감는다. 그릇 속에 모래를 채우고, 입구에는 점토를 넣는다. 알미늄 와이어를 가지 형태로 만들어 점토에 꽂고 밸런스를 보면서 채소를 단다.

● 지형과 만드는 법

디자인 *50*

현관의 꽃

● **화재 :** 나무 뿌리, 다정큼나무, 수유나무꽃, 팔손이나무, 열매, 마취목꽃·싹, 토베라의 싹, 회향, 패랭이꽃, 이와시다, 담쟁이덩쿨, 바위취, 초롱꽃, 트레디스칸챠칼릿사, 냉이, 보리, 보춘화, 제라늄.

● **포인트 :** 고원의 습원을 표현했다.

　화반에 3cm 두께의 오아시스를 쌓고 대각으로 나무 뿌리를 놓는다. 뿌리를 경계로 하여 앞은 나무 싹과 열매를 단계적으로 밭과 같이 꽂는다. 반대쪽은 초원의 꽃 분위기를 내기 위하여 둥근 잎을 베이스로 꽂고 나서 보리와 같이 서는 꽃을 꽂는다.

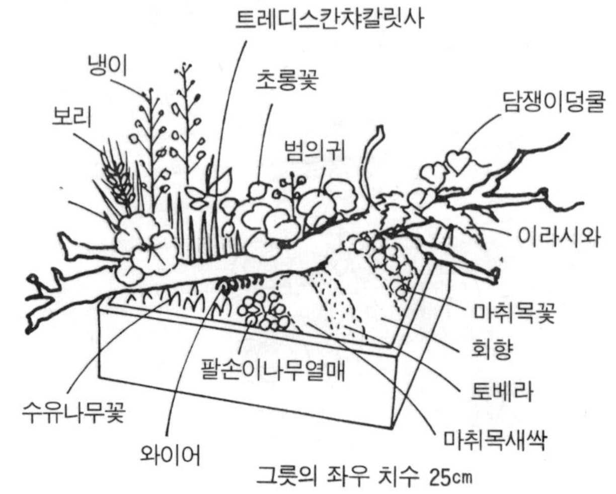
트레디스칸챠칼릿사
냉이
초롱꽃
보리
담쟁이덩쿨
범의귀
이라시와
마취목꽃
회향
수유나무꽃
팔손이나무열매
토베라
와이어
마취목새싹
그릇의 좌우 치수 25cm

디자인 51

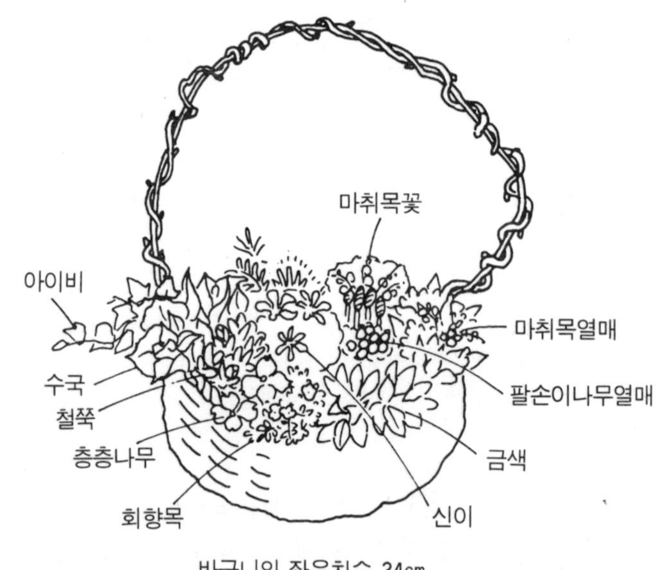
마취목꽃
아이비
마취목열매
수국
철쭉
팔손이나무열매
층층나무
금색
회향목
신이
바구니의 좌우치수 34cm

마루 위에도

● **화재** : 백목련, 충충나무, 뱀밥, 담쟁이, 마취목꽃·신아, 철쭉꽃, 자양화, 금사철나무, 팔손이나무의 열매, 참회양목.

● **포인트** : 등나무덩쿨로감아 걸친 터치의 바구니와
를 배열시킨다.

　잎반을 모아서 전체적으로 꽂은 다음 엷은 색의 꽃을 꽂고 마지막으로 진한 색을 악센트로 꽂는다.

디자인 *52*

하트 장식

● **화재** : 들장미 (꽃잎＝트일, 잎·꽃받침＝새틴), 스톡＝트일, 나무딸기의 열매 (꽃받침＝목면 글라스펫프), 양모밀 (꽃잎·꽃심＝실, 잎＝새틴),

● **포인트** : 장미꽃을 토대로 하여 사이에 다른 꽃을 점재 (点在) 시키는 감 (感) 으로 한다. 2줄을 만들고 이것을 이어서 원형으로 정리한 다음 하트 형으로 만든다.

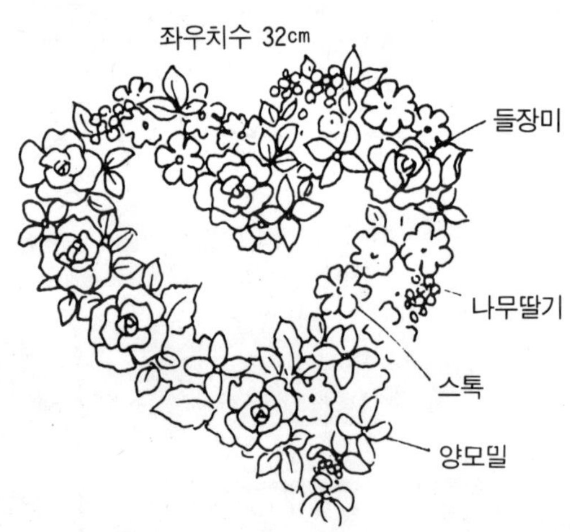

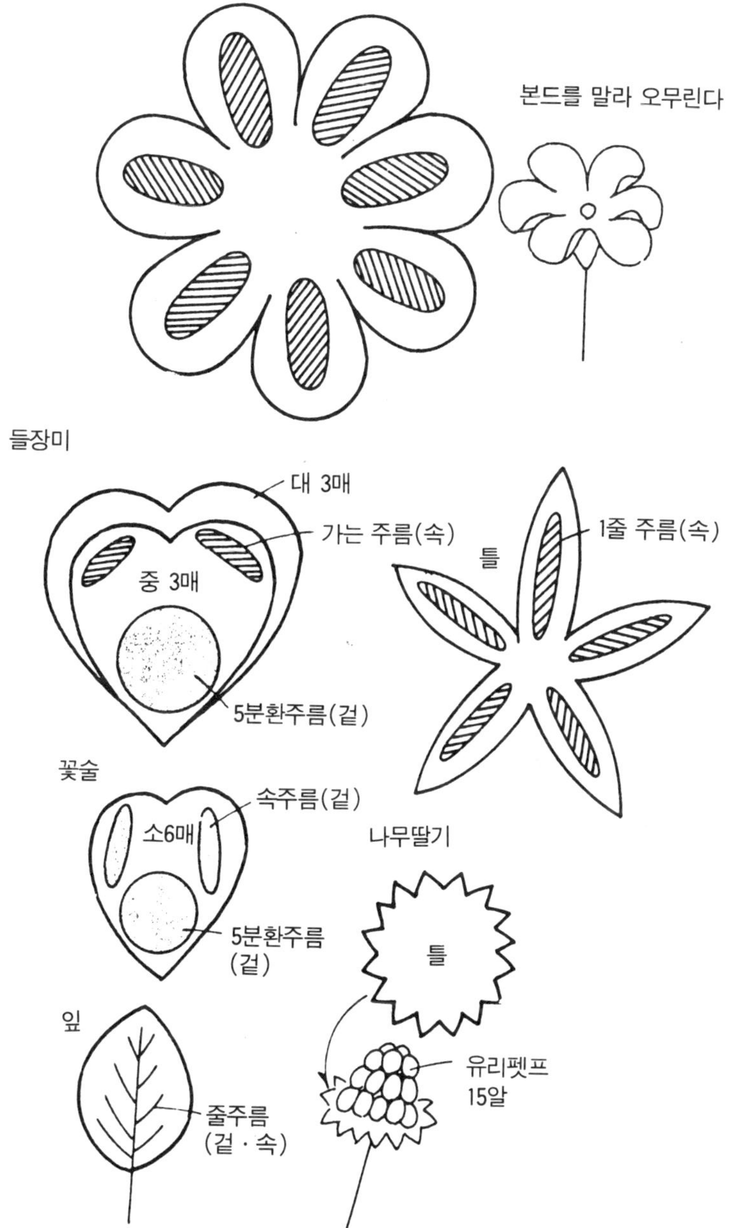
본드를 말라 오무린다
들장미
대 3매
가는 주름(속)
중 3매
5분환주름(겉)
1줄 주름(속)
틀
꽃술
속주름(겉)
소6매
5분환주름
(겉)
나무딸기
틀
잎
줄주름
(겉·속)
유리펫프
15알

디자인 *53*

들풀은 화려하게

● **화재** : 크라운베리 (꽃=빌로드, 잎·줄기=새틴, 꽃받침=론, 꽃심=실변형유리펫프) , 띠=트릴, 금강아지풀 (얇은견 트톤펫프) ,그린네클레스 (오타후쿠펫프얇은견) , 각시풀꽃 (꽃=목면, 잎=얇은견) , 군나이프우로=얇은견.

● **포인트** : 들풀은 조금씩 많은 종류를 섞는 편이 보다 깊이가 나지만 5~6종류 정도인 경우는 특히 색 배합이 어려워져 구분하여 배열하는 편이 좋다. 흐린색 꽃부터 꽂는다.

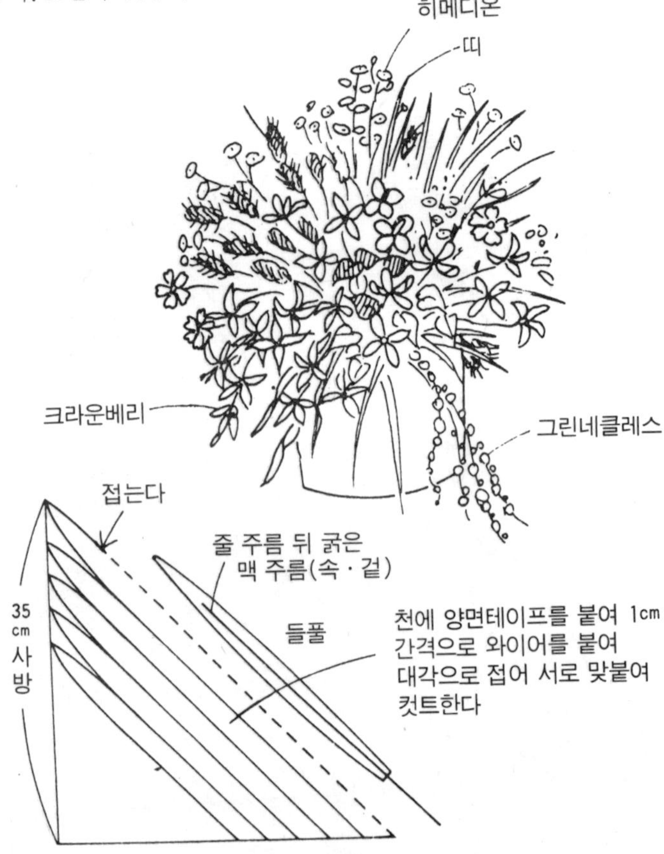

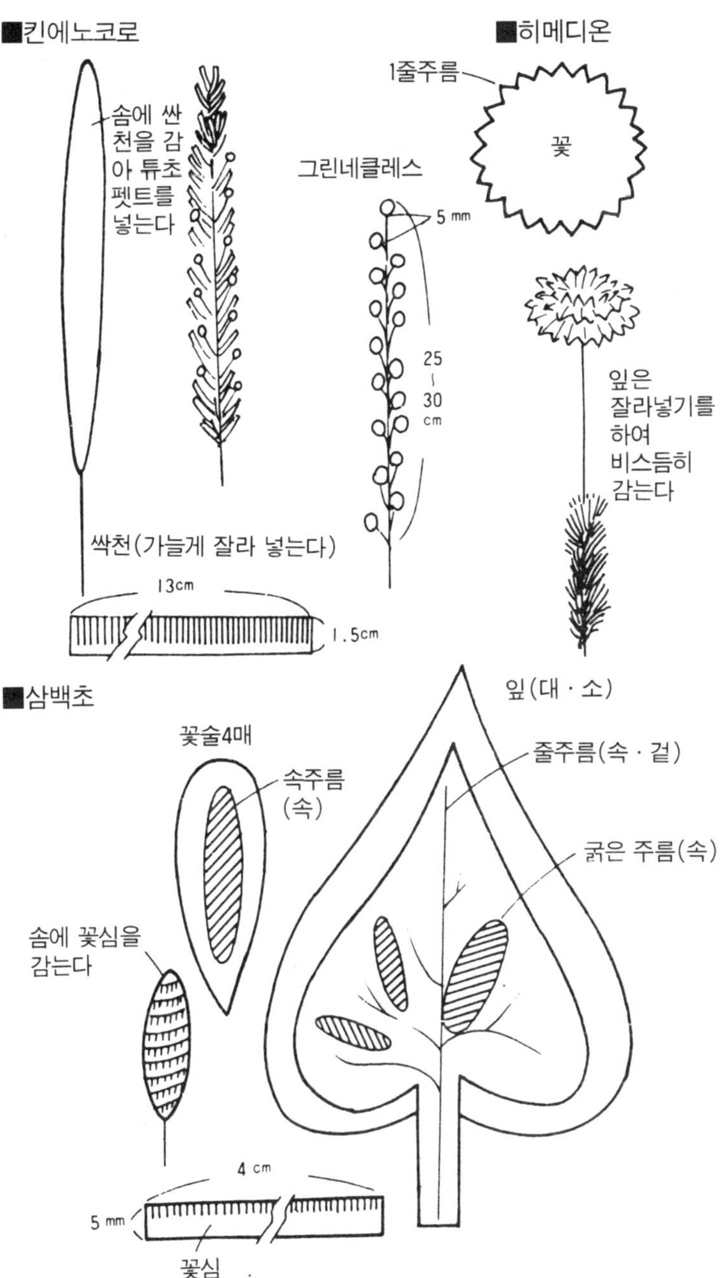
■킨에노코로
솜에 싼 천을 감아 튜초펫트를 넣는다
싹천(가늘게 잘라 넣는다)
13cm
1.5cm
그린네클레스
5 mm
25 ─ 30 cm
■히메디온
1줄주름
꽃
잎은 잘라넣기를 하여 비스듬히 감는다
■삼백초
꽃술4매
속주름 (속)
솜에 꽃심을 감는다
잎(대·소)
줄주름(속·겉)
굵은 주름(속)
4 cm
5 mm
꽃심

디자인 *54*

늘어 세운 나무들

● **화재** : 오리나무, 층층나무, 화살나무, 사철나무, 담쟁이, 위쿄우, 마취목, 팬지, 자양화, 철쭉꽃, 튜울립, 패랭이꽃.

● **포인트** : 유리 접시를 사용했으나 오아시스는 4cm 정도의 높이로 한다. 오아시스가 크면 이것을 감추기 위해 기부(基部)가 무거운 배열이 되어 위에서는 가지도 그것에 비례하여 높아야 한다.

우선 가지를 중앙부터 고저를 주면서 꽂고, 차츰 오아시스를 감추면서 잎을 배열한다.

꽃은 색이 엷은 것부터, 마지막 악센트가 있는 강한 꽃을 꽂는다.

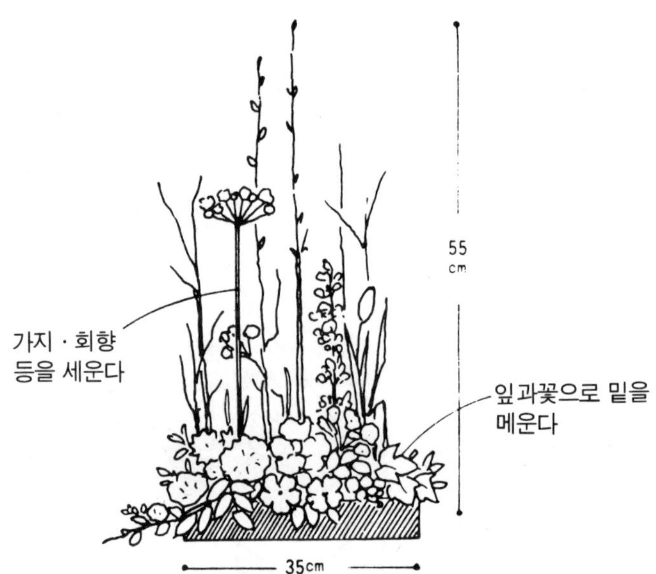

디자인 *55*

화려한 들풀

● **화재** : 등대꽃, 기름새, 떡쑥, 개옥장화브바리아, 양모밀, 찔레꽃, 패랭이꽃, 아루스토로메리아, 고사리, 여뀌 12단, 스카시 유리, 레이스 플라워, 붓꽃.

● **포인트** : 처음부터 여러가질 넣으면 균형이나, 전체적인 조화가 깨지게 된다. 이 정도 크기의 배열이 되면 1m 정도 떨어져서 보지 않으면 전체가 보이지 않게 된다.

　우선 떡쑥을 부채형(조금 앞으로)으로 꽂고, 양측과 앞 쪽에 가지를 꽂는다. 중심부에 개옥장화, 고사리의 큰 잎을 꽂고, 들풀로 그린 베이스를 만든다. 다음에 색이 엷은 꽃을 전체에 꽂고, 최후에 진한 색으로 꽂아 정리한다.

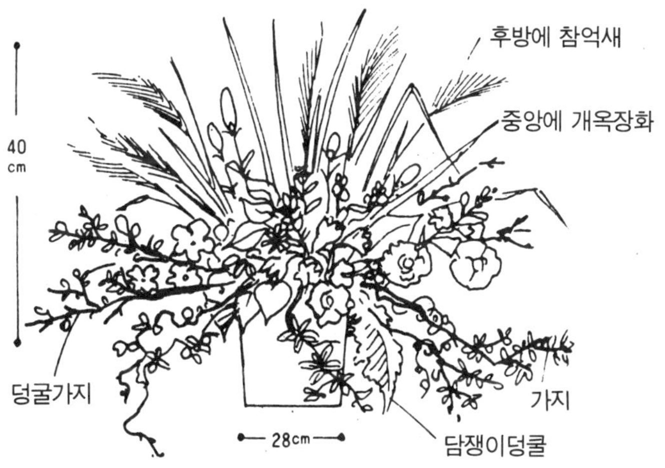

디자인 *56*

층층나무 · 라이딩보그 등의
큰 가지
델피늄
전체의 밸런스를 보아
꽃을 꽂는다
이휴매 등
송충초 터어키회향 등
바구니를 심지로 해서
알루미늄 와이어로
짠다
남은 알루미늄 와이어는
어렌지로 맞춘다
폭3mm 굵기 4mm
세로 4mm 크기

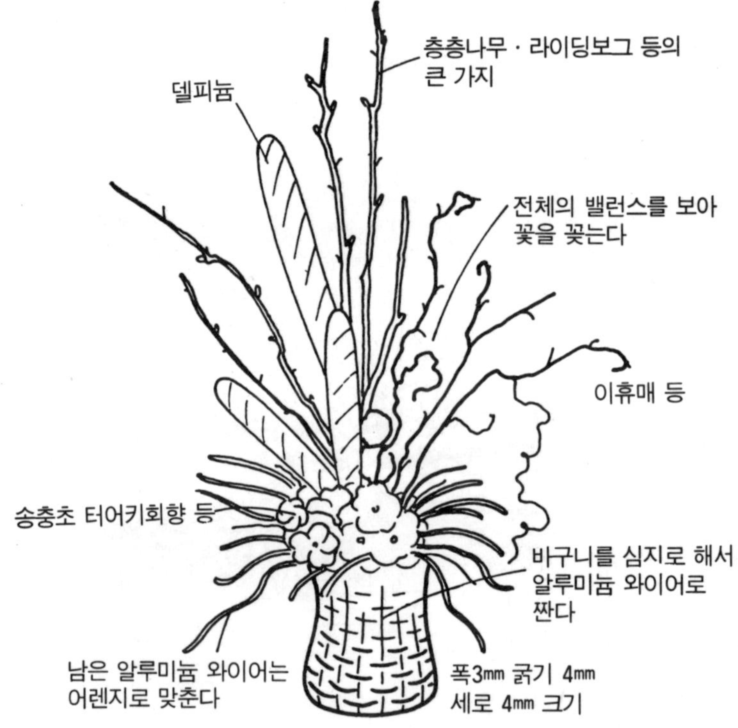

손님방을 장식하는 공간 조정

● **화재** : 라이락, 델피니움, 유코콜리네, 송충초, 스타티스, 스카피아, 터키 도라지, 코르빌, 나무 딸기, 과이덴보그, 층층나무, 리휴매, 금색 스프레이를 한 4mm 알루미늄 와이어, 3∼4 mm의 구리색 알루미늄 와이어, 1.2m 사방의 두께 천.

● **포인트** : 두꺼운 천의 테두리를 3cm 실을 꿰어 알루미늄 와이 로 엮어 등바구니 사이에 넣고, 그 속에 알루미늄 호일로 싼 오아시스를 넣는다. 이 배열은 가지와 델피니움의 다이나믹함과 오른쪽과 중심부의 섬세한 대비의 밸런스가 중요하다.

꽂는 순서는 층층나무, 라이덴보그의 큰 가지, 중심에 세우는 보라색의 델피니움, 오른쪽의 리휴매, 코르빌, 중심의 기부에 낮게 터키 도라지, 송충초 등 마지막에 전체의 균형을 보면서 중앙 부근의 꽃을 꽂 는다.

손님 초대

콘 어래인지먼트

● **화재** : 쟈스민, 자양화, 터키 도라지, 안스리움, 아지안텀, 무스카리, 아네모네, 밀리오글라더스

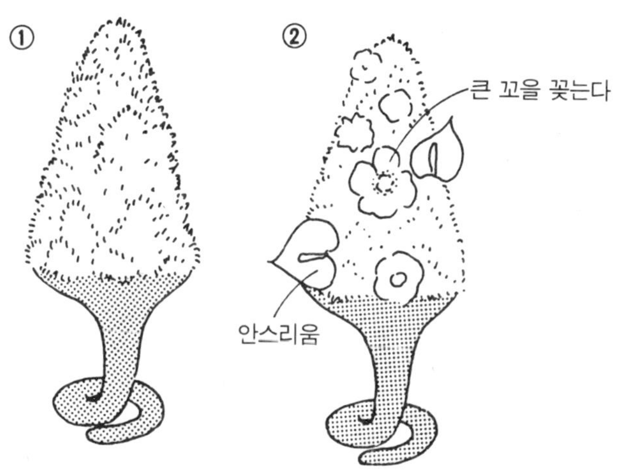

● **포인트** : 오아시스를 콘형으로 잘라 작게 자른 밀리오글라더스를 콘 형태가 무너지지 않도록 평균적으로 꽂는다.

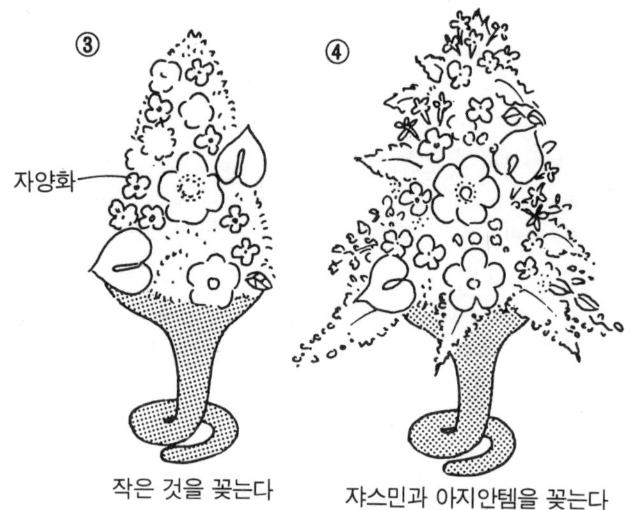

작은 것을 꽂는다　　　쟈스민과 아지안템을 꽂는다

전체에 커다란 꽃을 리듬있고 짧게 꽂고 사이에 작은 꽃을 꽂는다. 쟈스민 꽃과 잎을 콘형으로 무너뜨리지 않을 정도로 꽂는다.

작은 꽃을 모은 **코사지**

◆**포인트 :** 작은 꽃만으로 밀집하여 모으는 방법으로 예쁘게 완성한다.

그린도, 꽃색을 돋보이게 하는 정도로 조금 사용한다.

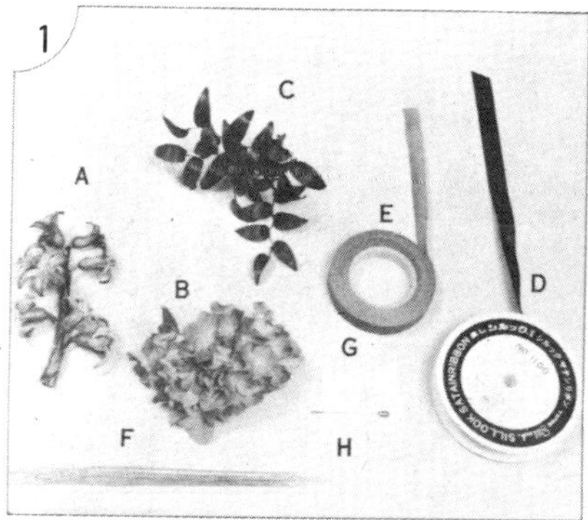

티슈 페이퍼는 3cm폭 정도로 자른 것을 준비한다. 브토니아 핀은 코사지를 다는 데 사용한다.

자양화의 작은 가지에 26번 와이어를 대고, 사진과 같이 감아 내려간다. 다시 티슈 페이퍼를 감은 위부터 후로랄 테이프를 감는다.

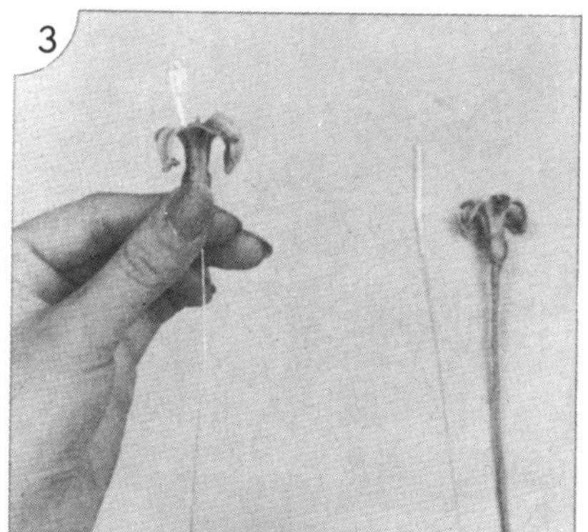

28번 와이어 끝에 티슈 페이퍼를 감아 갈고리 형으로 구부려 히아신스 화통에 넣는다.

30번 와이어를 잎 1매에 대고 자양화와 같이 조이면서 감는다.

히아신스 3송이와 자양화 5송이를 조금 물려 작은 코사지로 정리한다.

꽃을 모으면 줄기가 두꺼워지기 때문에 가위로 잘라 솎아내어 테이프로 줄기를 하나로 감는다.

나머지 꽃은 라운드(공형)로 모아 잎을 악센트로 더한다.

라운드의 머릿쪽에 작은 코사지(사진 7의 오른쪽)를 더한다.

전체가 크레센토형이 되도록 마무리하고, 줄기를 비스듬하게 자른다.

코사지 뿌리 부분에 보우리본을 단다.

부케

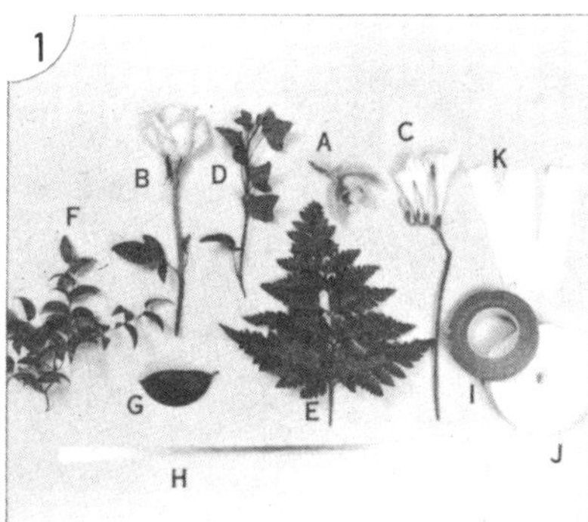

꽃은 3종류, 녹색을 많이 넣기 위해 담쟁이, 레저판 등의 잎, 와이어, 티슈 페이퍼(종이), 테이프, 리본을 준비한다.

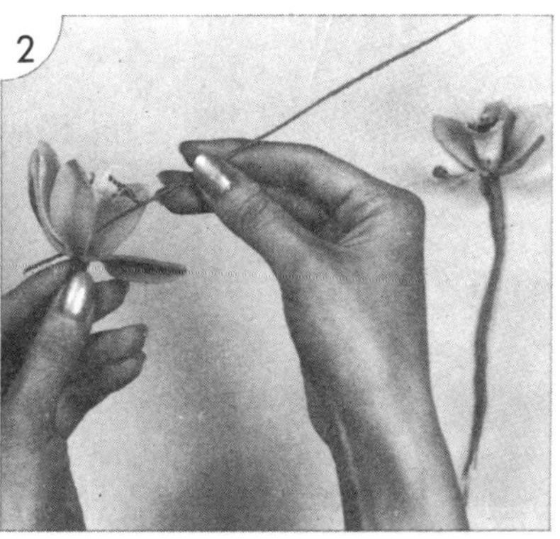

24번 와이어를 신비쥼의 입술형 기부 위쪽에 비스듬히 뒷쪽 줄기를 향하여 꽂는다.

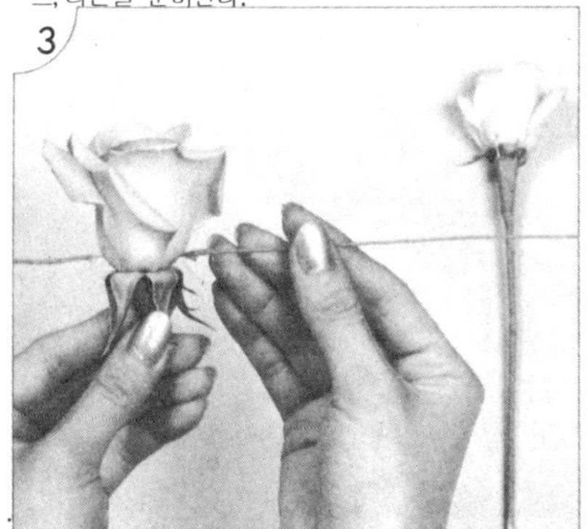

장미는 피지 않도록 꽃잎 기부에 24번 와이어를 +자로 꽂아 테이프로 감는다.

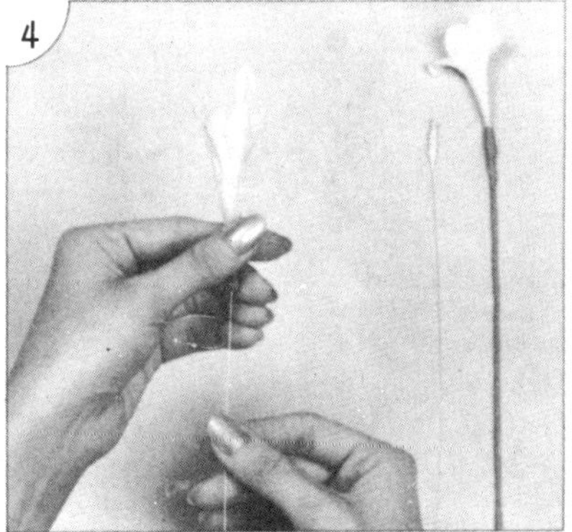

후리지아는 26번 와이어 끝에 종이를 감아 갈고리형으로 구부린 것을 사진과 같이 꽂는다.

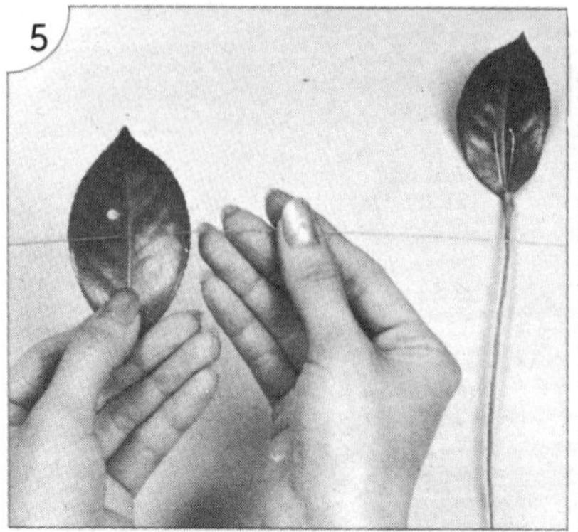

동백나무 잎 뒤의 잎맥에 26번 와이어를 2mm 정도 내어 꽂는다.

스마이락스의 작은 가지에 26번 와이어를 걸고 줄기는 꼬아서 모은다.

녹색 26번 와이어를 레자판의 상부에 걸어 엽맥에 더하면서 감아 내려간다.

와이어 끝을 갈고리형으로 구부리고 이것을 담쟁이 상부에 걸어 감아 내려간다.

담쟁이에 스마이락스를 더하여 종이를 감으면서 위에서부터 테이프를 감아간다.

다시 신비쥼, 스마이락스, 신비쥼으로 연결하여 감아간다.

꽃에 높낮이를 주면서 가란도를 조금씩 굵게
한다.

종이는 꽃을 더할 때마다 감는다.
가란도는 보통 30~50㎝ 길이로 만든다.

장미 3송이로 상부의 라운드 중심을 만든다.
사진과 같이 줄기에 각도를 준다.

장미에 스마이락스를 더하여 라운드 베이스
를 만든다.

사이에 신비쥼, 후리지아를 배치한다.

부케의 라운드 부분과 밑으로 흐르는 가란도
부분이 완성되었다.

가란도의 줄기를 130도 구부려 라운드 줄기
의 부분에 합하게 하여 고정한다.

나머지 잎으로 비어 있는 곳을 메꾼다.

부케의 손잡이 끝에 리본을 사진과 같이 붙
여 위로 감아 올라간다.

감아 올라간 리본은 손잡이 끝에서 단단히 묶
는다.

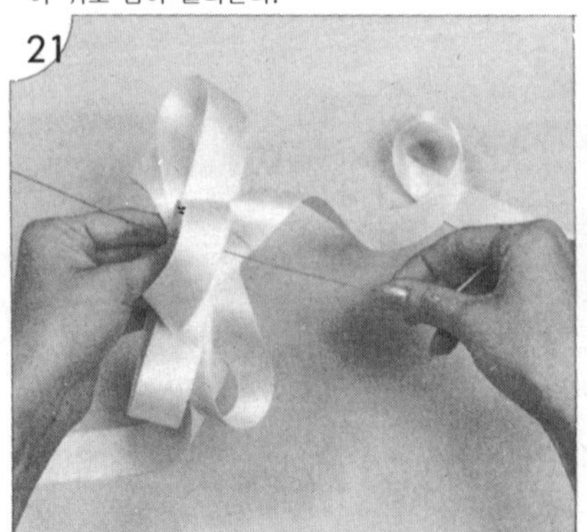

리본으로 5~7개의 루비를 만들어 24번 와이
어를 모아서 보우 리본을 만든다.

나비 리본은 부케의 안쪽에 붙인다. 디자인에
따라서 사이드에도 붙인다.

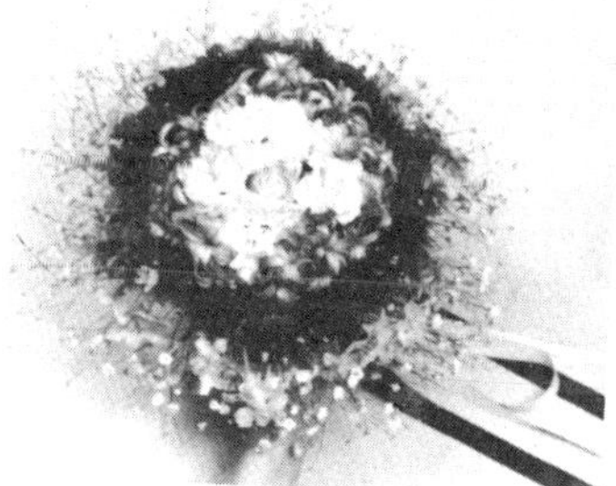

◆포인트 : 꽃의 색채를 층을 이루도록 디자인한 것으로 변하는 칼라하모니가 포인트이다.

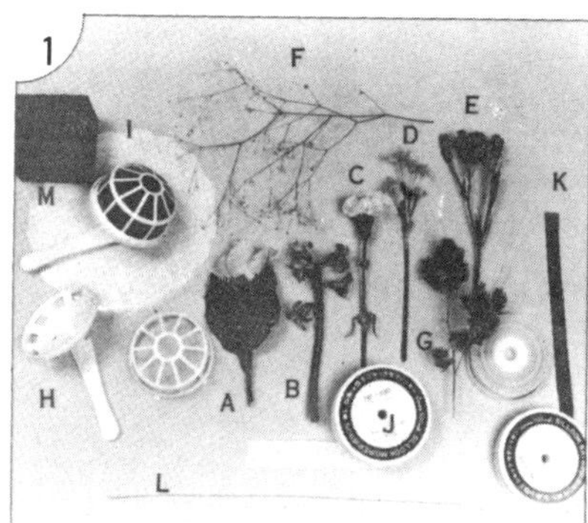

오아시스는 홀더형으로 맞추어 잘라 사용한다.

장미 한 송이를 5cm 정도로 잘라 부케 홀더의 중심부에 직각으로 꽂는다.

작은 카네이션의 꽃받침을 조금 비껴 꽃잎을 넓히고 이것을 장미 주위에 꽂는다.

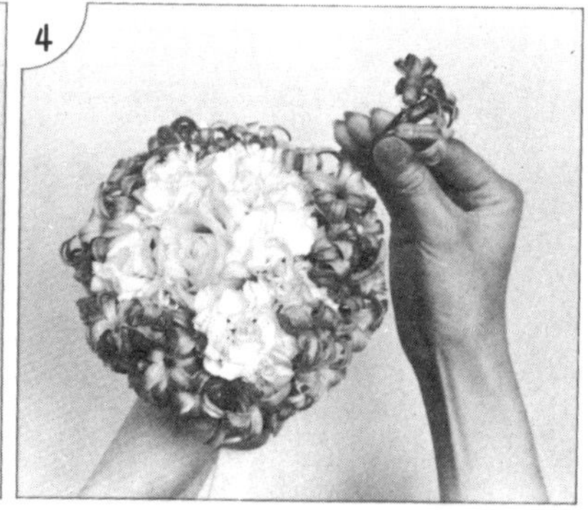

작은 카네이션의 주위에는 히야신스를 1/2 ～ 1/3로 나누어 꽂는다.

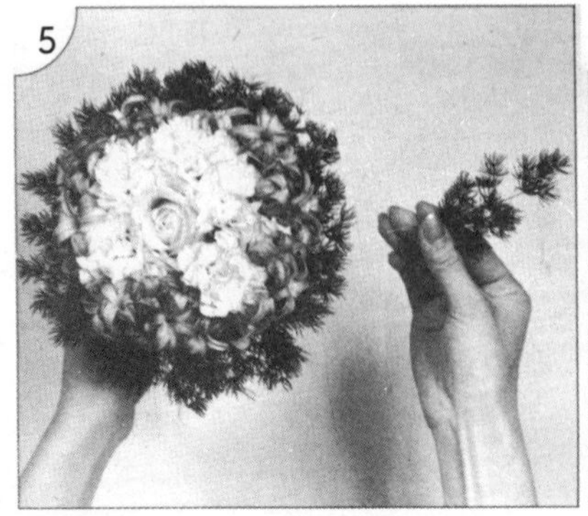

밀리오글라다스를 잘게 잘라 나누고 히아신스 주위에 꽂는다.

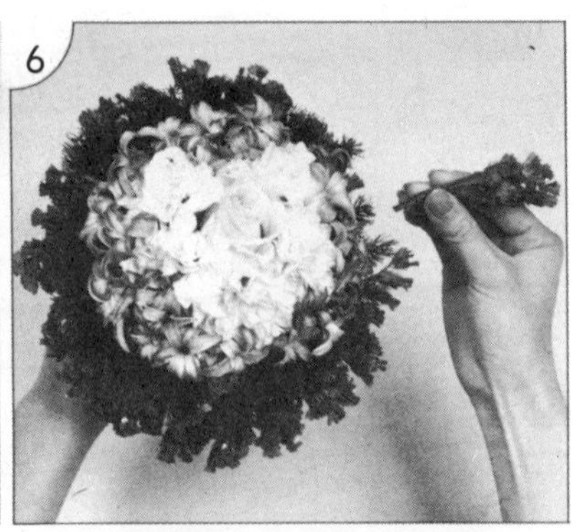

스타치스는 3개 정도 화두(花頭)를 1㎝ 정도의 고저를 두고 정리하여 꽂는다.

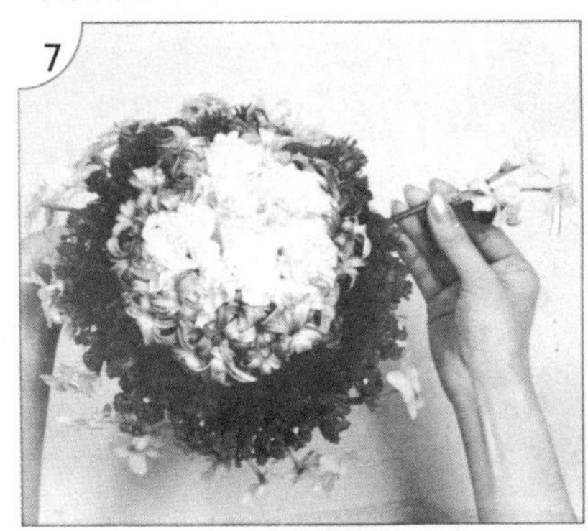

스타치스의 주위에 노란수선을 같은 간격으로 꽂는다.

가장 바깥쪽에 안개꽃을 2개 정도 화두를 정리해서 꽂는다.

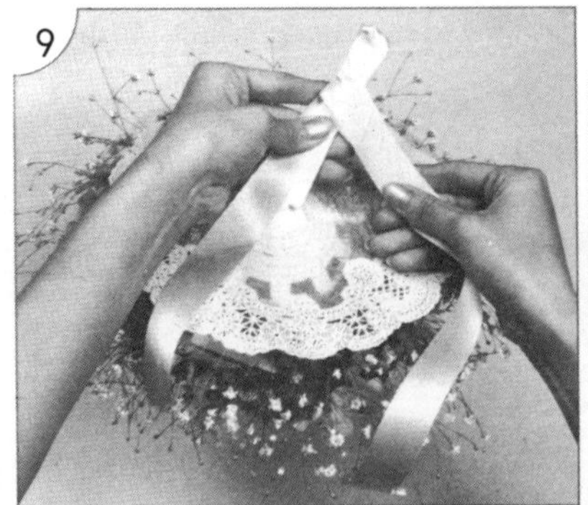

홀더의 속에 깔개를 넣고 손잡이 끝부터 근원까지 2.4㎝ 폭의 리본을 감는다.

근원에서 리본을 매고, 다른 2색의 리본으로 만든 긴 리본을 단다. (완성 사진 참조)

선물로 하는 ## 리스

◆포인트 : 와이어링한 꽃
으로 만든 리스는 개전이나
개점, 리사이틀 등의 축하용
선물로 하면 어떨까?

A 덴도로븀…5개
B 히아신스…10송이
C 작은 카네이션…6송이
D 안개꽃…1/5개
E 스마이락스…1/3개
F 레저판…1/2매
G 후로랄 테이프
H 새틴 리본 2색
I 티슈 페이퍼
J 24·28번 와이어

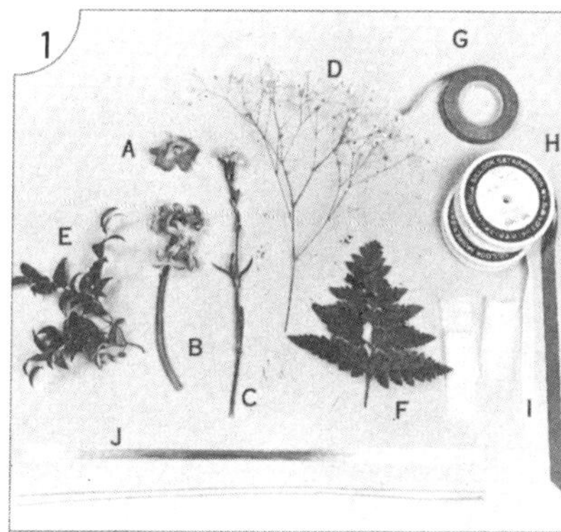

1

티슈 페이퍼(종이)는 3cm 정도로 잘라 테이프를 감기 전에 줄기를 감는 데 사용한다.

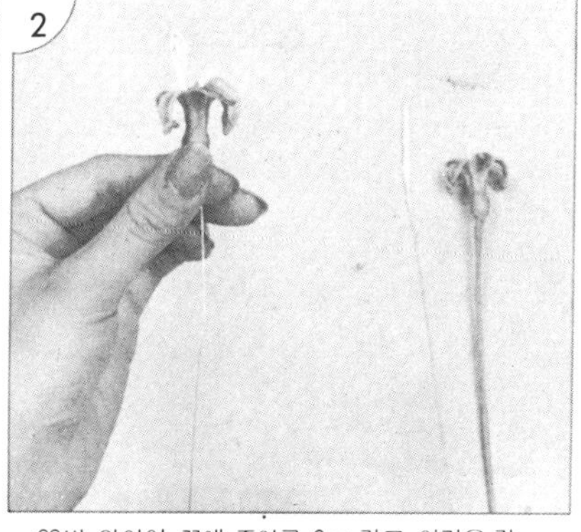

2

28번 와이어 끝에 종이를 2cm 감고, 이것을 갈고리형으로 구부려 히아신스 꽃통으로 넣는다.

3

작은 카네이션은 꽃의 자방기부에 24번 와이어를 통하여 넣는다.

4

안개꽃은 몇 개 가지런히 하여 줄기에 종이를 감고, 28번 와이어로 꼬면서 감는다.

넓은 공간에 # 배치함

◆포인트 : 이 오벌은 나무, 꽃을 주로하여 그 사이에 꽃을 끼워 자연스러운 느낌을 중시해서 표현하는 디자인이다.

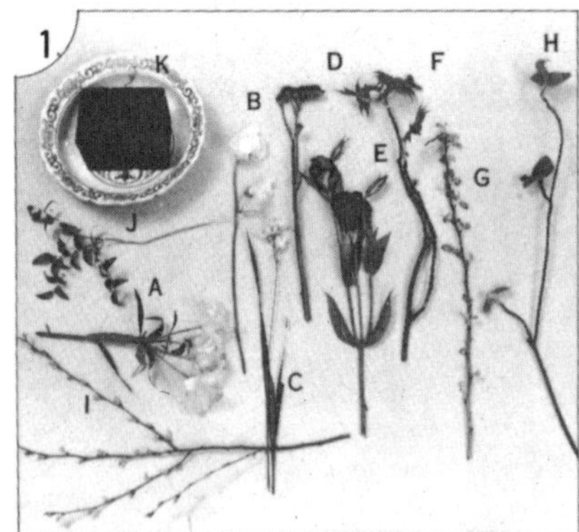

풍년화와 황엽, 라이덴보그, 벗나무 등의 가지를 배색하기 좋은 꽃과 오아시스를 준비.

스마이락스를 3가지 정도 잘라 오아시스 전체에 꽂아 덮는다.

모양이 좋은 가지를 중심에 똑바로 꽂고, 같은 종류의 가지로 아우트라인을 만든다.

벗나무 등의 작고 화려한 가지를 더하여 밀도를 높인다.

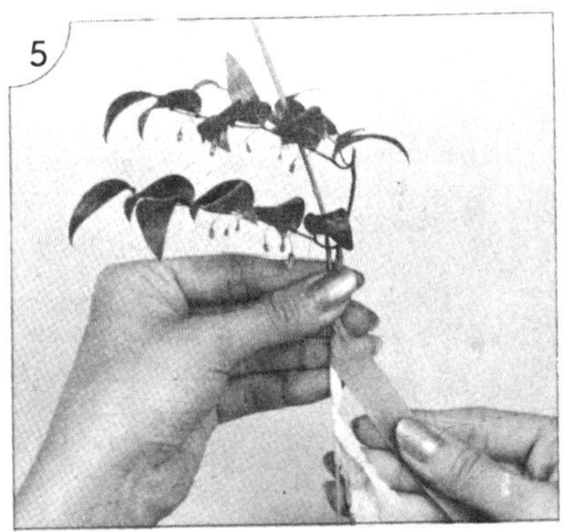

후로랄 테이프를 감은 24번 와이어 끝을 10cm
내어 잎을 달아 테이프를 감는다.

계속해서 안개꽃과 덴도로븀을 더해서 테이
프를 감는다.

잎과 안개꽃을 베이스로 색채를 생각하면서
꽃을 더하여 25~30cm 길이로 만들어간다.

이와 같은 가란도를 2개 만들어 줄기 부분을
겹쳐서 모은다.

가란도 끝의 잎이 조금 겹치도록 하여 끝에
나와 있는 와이어를 교차시켜서 잇는다.

리본 2개를 겹쳐 만든 나비 리본을 가란도의
줄기 부분에 단다.

선명한 색의 황엽을 더하여 악센트를 주고,
잎이 큰 풍년화를 뿌리듯이 꽂아 준다.

라이덴보그를 아랫쪽에 꽂아 전체적으로 침착
함을 주고, 스타티스로 배색을 더해준다.

다시 이키샤와 스위트피를 더하여 섬세함과
우아함을 연출한다.

터키 도라지 색과 꽃의 크기로 다시 악센트
를 준다.

마지막에 스카시나리를 꽂아 전체를 긴장시
키는 동시에 배열의 개성을 낸다.

배치의 반대쪽인 왼쪽 측면을 찍은 사진이다.
앞뒤의 넓이를 보기 바란다.

플라워 가란도

◆포인트 : 아트·가랜드는 그림이나 물건 주위에, 후렛쉬한 가랜드 결혼식이나 리셉션회장 입구 등에 장식하는 것이 어떨까?

┌── 재 료 ──┐
A 담쟁이덩쿨 … 13개
B 담쟁이덩쿨·잎사귀 작은 것 … 8장
C 왕원추리 … 6송이
D 물망초 … 6송이
E 층층나무잎 … 6장
F 덩쿨 … 6송이
G 22·24번 와이어
H 줄기용 얇은 견
I 대꼬치
J 접착제

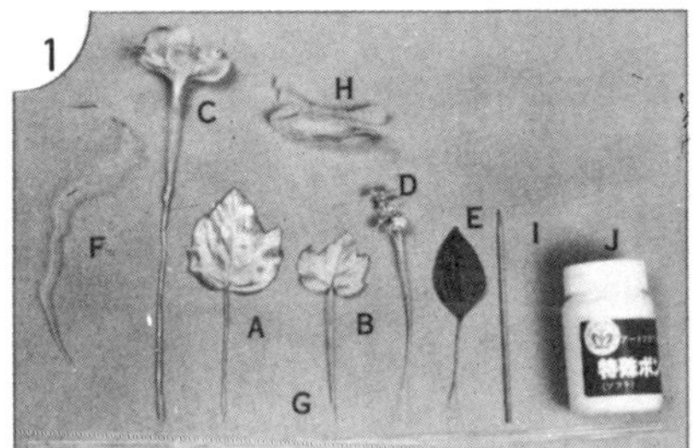

1. 담쟁이덩쿨 잎 큰 것, 작은 것, 꽃, 층층나무 등의 화재, 줄기전용의 얇은 견, 와이어 대꼬치 등을 준비한다.

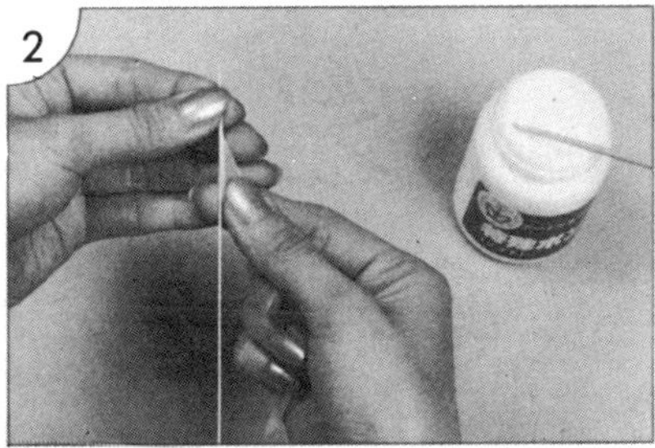

2. 24번 와이어에 2cm폭의 전을 감아 덩쿨을 만든다.

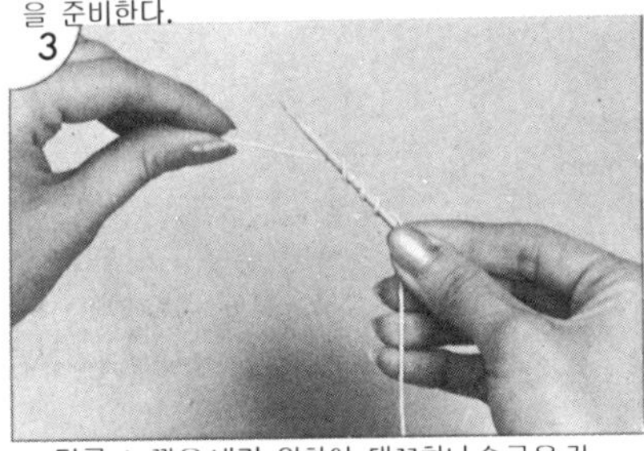

3. 덩쿨 느낌을 내기 위하여 대꼬치나 송곳을 감는다.

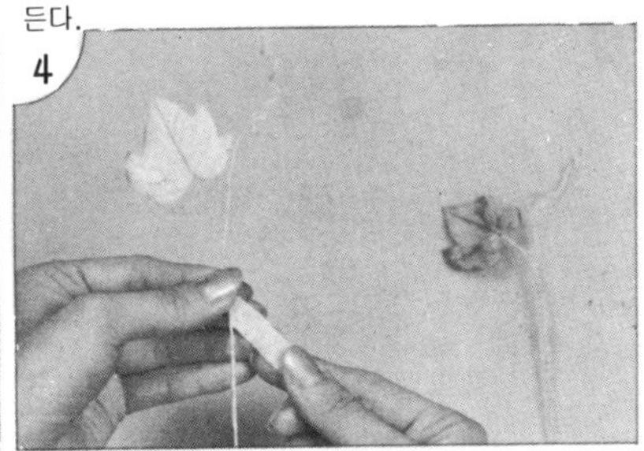

4. 덩굴에 잎을 7cm내어 합쳐 천으로 감는다. 잎사귀는 5cm 간격으로 2~3개 붙인다.

5. 작은 가지에 다시 덩쿨을 더한다. 줄기가 너무 단단하면 솎아낸다.

6. 층층나무 꽃을 2송이, 또는 잎을 더한 가지를 3~4개 만든다.

작은 가지 3~4개의 덩쿨과 줄기를 자연스러
운형으로 만들며 잇는다. 조잡하게 되지 않도
록 주의한다.

이 형을 2개 정도 만들어, 완성 사진과 같이
이어서 길게 한다.

선물용

미니 꽃다발

◆포인트 : 꽃다발을 놓았을 때 잘 서도록
꽃도 줄기도 사방으로 밸런스 있게 펴 정리
한다.

```
┌──────── 재 료 ────────┐
  A 물망초
  B 노란수선_.
  C 스위트피…각 3개
  D 이키샤  E 히아신스
  F 아네모네…각 2송이
  G 아이리스
  H 레저판…각 1송이
  I 스타티스…1/2개
  J 이키샤의 잎… 4개
  K 리본  L 보통 동근 끈
└─────────────────────┘
```

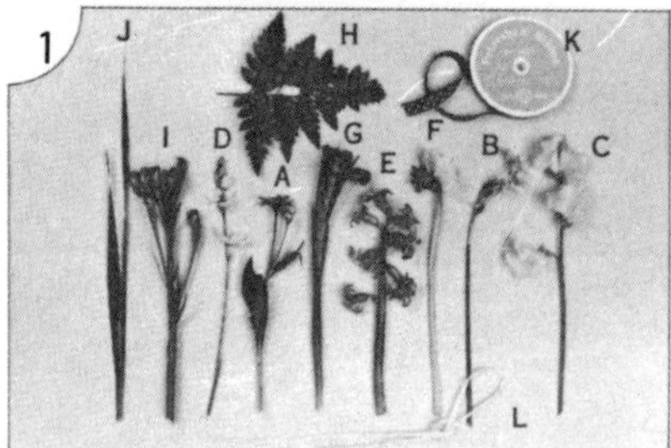

스위트피, 히아신스, 물망초, 스타티스 등의 귀
여운 꽃, 리본, 끈을 준비한다.

2송이의 꽃을 교차시켜 끈으로 함께 묶은 후,
줄기 밑으로 넣는다.

다음에 더하는 꽃은 항상 같은 방향으로 비스
듬히 놓고 끈으로 X자형으로 묶는다.

꽃의 색 배치와 꽃의 크기에 따라 고저를 생
각하면서 끈을 감아간다.

잎은 꽃과 함께 보태는데, 꽃도 2~3송이 모아 더해도 괜찮다.

줄기는 사방에 평균적으로 넓히듯이 한다.

끈 부분을 리본으로 감추듯이 감고, 다시 나비 리본을 묶는다.

줄기를 깨끗하게 사방으로 넓히듯이 정리하면, 딱 설 수가 있다.

매스 어레인지먼트

◆포인트 : 같은 재료를 괴상(매스)로 울창하게 모은다. 단조롭기 쉬운 배열을 재미있는 모양의 제라늄 가지를 이용하여 즐거운 분위기로 만든다.

재 료
A 자양화 ··· 1 송이
B 물망초 ··· 3 송이
C 철쭉꽃 ··· 1/3 송이
D 제라늄 ··· 1 송이
E 오아시스 ··· 1/3 송이
F 가위

제라늄은 재미있는 모양의 것을 준비한다. 철쭉꽃 가지, 꽃 외에 오아시스를 준비한다.

철쭉꽃을 작은 가지로 골라 오아시스 전체를 울창하고 깨끗이 덮는다.

제라늄 가지형을 생각하여 재미있는 위치에 꽂는다.

제라늄 밑둥을 누르듯이 자양화를 꽂는다.

자양화에 잎을 더하여 자연스러운 느낌을 낸다.

물망초를 철쭉꽃 사이에 점점이 꽂는다.

● 코사지

원포인트형

꽃 한 송이의 단순한 미와 화재 그
자체를 살리는 디자인이다.

● **화재** : 스카시나리 1송이, 담쟁이덩쿨잎 7장, 리본 50cm.

● **디자인의 포인트** : 나리의 목 부분은 똑바로 줄기를 90도로 구부려
잎 7장을 꽃 주위에 배치하는데, 잎을 놓는 위치의 형태는 삼각형, 초생
달형, 타원형, 마름모형, ×형, L형 삼각 화살형이 좋다.

모은 부분은 줄기가 교차하거나 겹치지 않도록 모아준다.

화재로써는 장미, 글라디올러스, 난초계의 꽃, 가데니아 등 약간 큰 꽃
이 사용하기 쉽고, 눌리지 않는다. 조금 작게 만들면 브토니아(남성용)
도 된다. 아트 플라워인 경우는 꽃 1송이만으로도 좋고, 잎을 사용하기보
다 레이스 비즈 등을 부소재로 하는 것이 좋다.

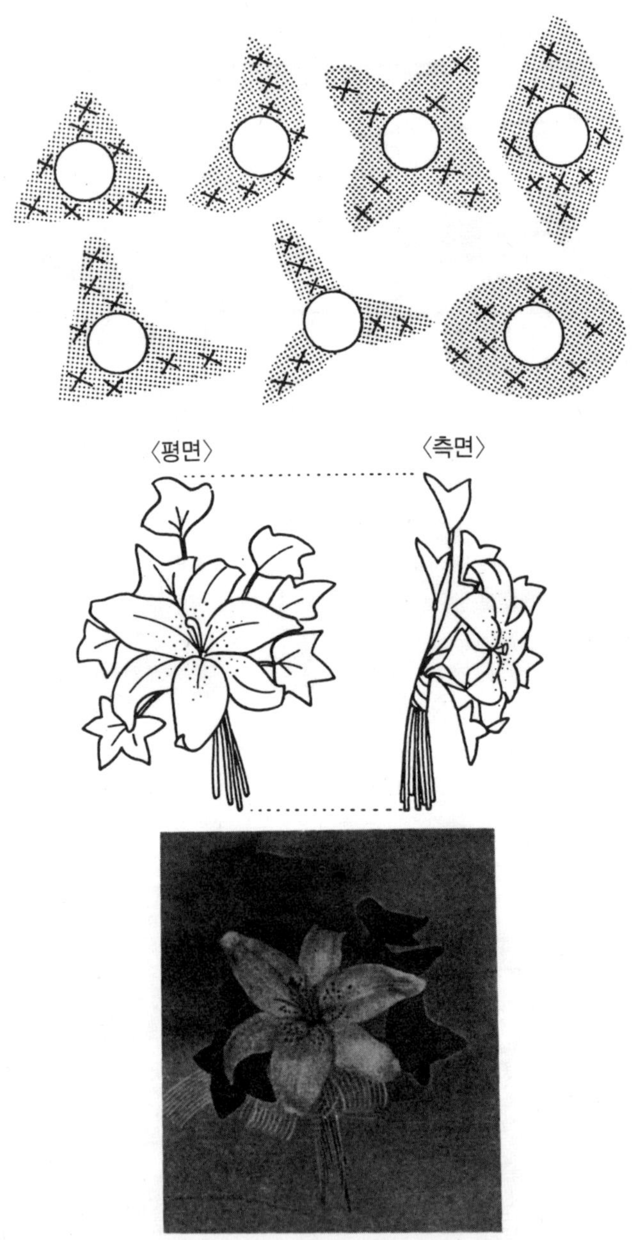

〈평면〉
〈측면〉

매스와 라운드형

팬지나 파셀리를 묶은 괴상의 형태를 매스라고 하며, 꽃을 둥글게 늘어놓듯이 모은 것을 라운드라고 한다.

● **화재** : 자양화 8송이, 페래치 8가지, 레저판 작은 것 3개.

● **디자인의 포인트** : 꽃은 훅매소드를 한다. 페래치는 작은 가지로 잘라 줄기에 감고, 잎은 기부를 감는다.

중심의 자양화 줄기를 3cm 내어 90도를 구부려 나머지 꽃을 그 주위에 고저를 주면서 배치한다. 줄기(스템)를 하나하나 보이게 할 때는 모은 부분만을 테이프로 감고, 줄기는 장단을 주면서 자른다.

작은 꽃을 모아 만들었기 때문에 귀여운 느낌을 준다. 아트로 만드는 자양화나 스톡의 매스 코사지는 사축을 많이 내어 만들면 멋스럽고 어른스러운 코사지가 되고, 줄기를 길고 약간 크게 만들면 작은 부케로도 사용할 수 있다.

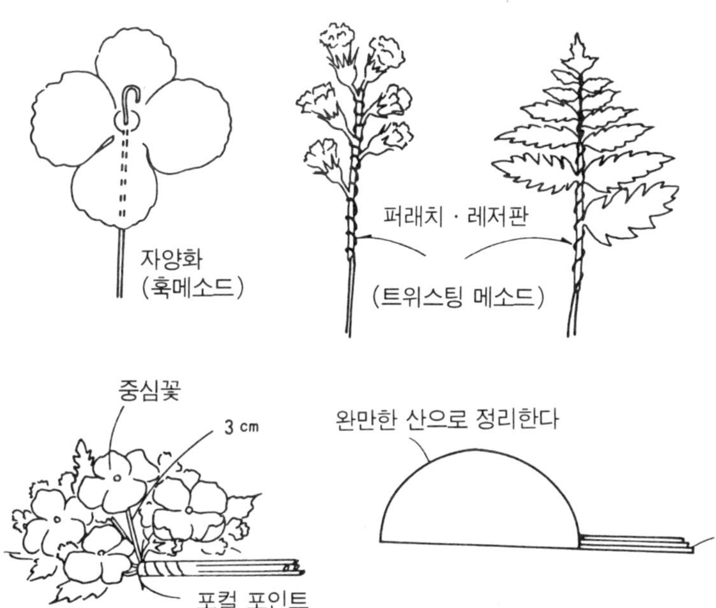

라운드형
꽃을 이은 것이 주포인트이다.

● **화재** : 작은 카네이션 10송이, 제라늄 잎사귀 작은 것 8장, 리본 40cm.
● **디자인의 포인트** : 꽃 4송이와 잎 3장으로 1송이의 가란도, 꽃 3송이와 잎 2장으로 다시 1송이를 만들어 나머지 꽃과 잎을 모은 것에 앞의 가란도 2개를 더하여 완성한다.

　이을 때, 줄기가 두꺼워지지 않도록 앞의 꽃 줄기를 자르는데 그렇다고 너무 흐물흐물해져서는 안된다.

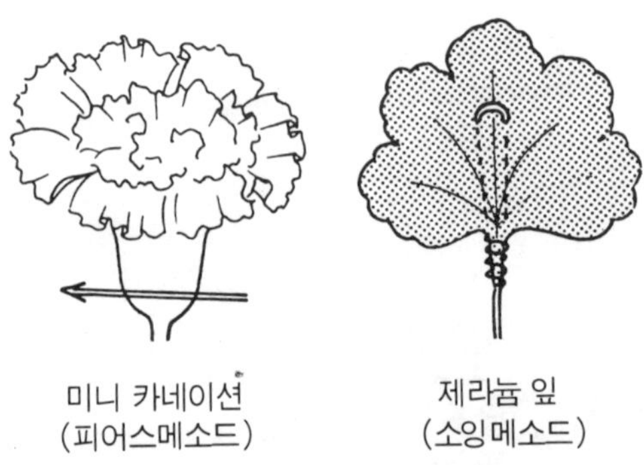

미니 카네이션
(피어스메소드)

제라늄 잎
(소잉메소드)

가란도는 라인에 늘어 놓고 싶은 꽃이 움직이지 않도록 있는 것이지만, 너무 단단한 느낌이 들지 않도록 하여 코사지 본래의 미가 상하지 않게 한다. 흐르는 라인을 표현하는 데에는 어떻게 잇느냐가 포인트가 된다. 자연스러운 느낌, 조형적인 느낌 등 보는 아름다움을 생각해야 한다.

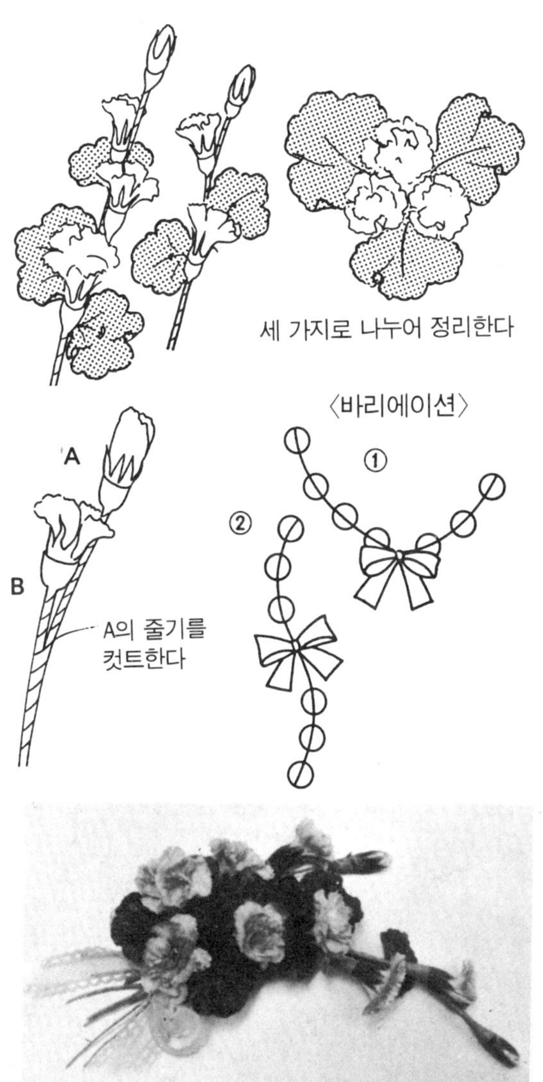

원포인트＋가란도형
꽃 1송이에 가린도를 더한 형이다

● **화재** : 거베라 1송이, 은방울꽃 8송이, 소국 7송이, 으름잎 5개.

● **디자인의 포인트** : 은방울꽃 3송이와 소국 2송이로 1개의 가란도, 은방울꽃 2송이와 소국 1송이로 짧은 가란도를 만든다.

　거베라의 줄기 1cm를 놓고 90도로 구부려 그 위아래로 1개씩 가란도를 붙이고, 나머지 꽃과 잎으로 크레센토형으로 모은다. 줄기는 크레센토형을 따라 자른다.

　원포인트＋가란도 형태는 이외에도 여러 가지를 생각할 수 있다.

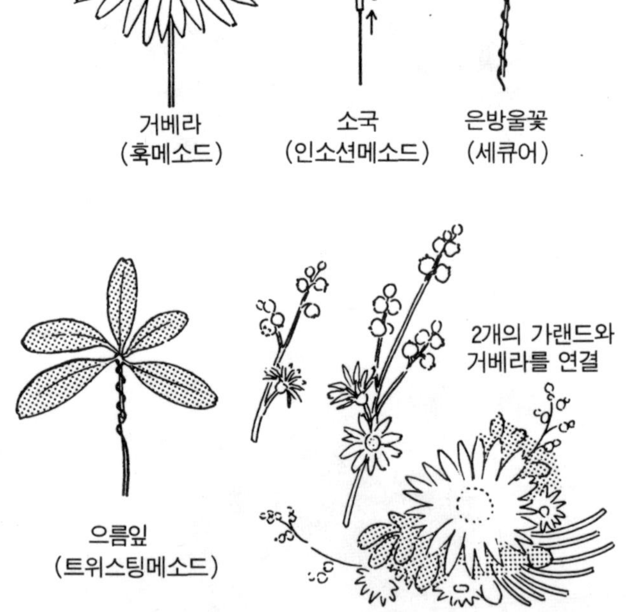

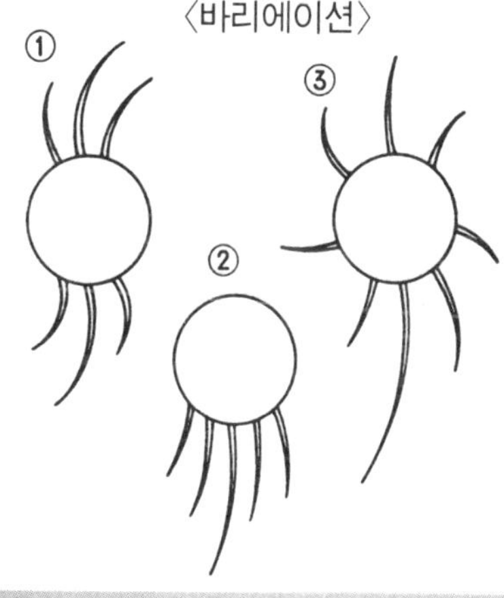

라지에토형

1송이의 꽃과 잎을 방사형으로 자유 롭게 펼치며 만드는 형이다.

● **화재** : 터키 도라지의 꽃망울 2송이, 카네이션의 꽃망울 1송이, 후리지 아 꽃망울 2송이, 담쟁이덩쿨 · 바위취 · 젖꼭지나무 · 접은 학난 · 매발톱꽃 의 잎 1매, 들포도 열매 1개, 플라스틱 구슬 3개, 리본 70 cm.

● **디자인의 포인트** : 재료의 개성을 살리는 형이다.

우선 중심의 꽃 주위에 둥근 형태의 잎을 놓고, 그 주위에 선상의 잎을 더하고 들포도 열매, 유리 구슬, 리본 등 처음에 녹색 잎으로 통일을 주고 변화를 줄 정도로 나중에 첨가하듯이 하면 알기 쉽게 정리할 수 있다.

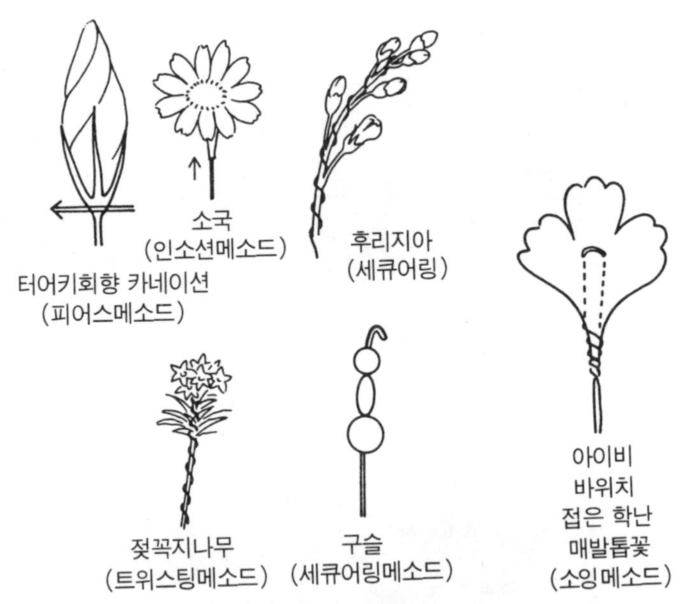

소국
(인소션메소드)

후리지아
(세큐어링)

터어키회향 카네이션
(피어스메소드)

젖꼭지나무
(트위스팅메소드)

구슬
(세큐어링메소드)

아이비
바위치
접은 학난
매발톱꽃
(소잉메소드)

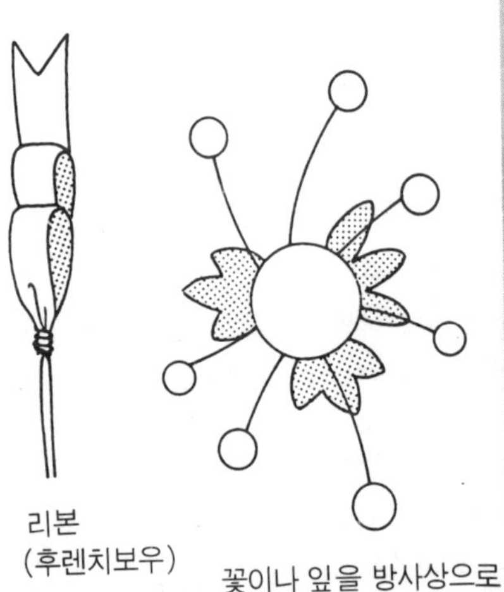

리본
(후렌치보우)

꽃이나 잎을 방사상으로
자유로이 편다 ·

머리 장식

주로 신부의 머리를 장식하는 것이어서 줄이나 네트를 다는 디자인의 기본형이다.

코로넷 (왕관형)

작은 링형을 한 것이다.

● **화재** : 작은 국화 5송이, 이키샤 10송이.

● **디자인의 포인트** : 등 간격으로 꽃을 이은 가란도를 2개 만들고, 이것을 링형으로 모아 꽃의 모양을 만든다.

가는 가란도를 만들 때는 테이프를 감은 26번 와이어를 심으로 하여 첨가하는 꽃의 줄기를 자른 것을 직선으로 이은 다음, 커브를 주어 잇는 법이 깨끗이 마무리된다.

신부 머리 장식 뿐만이 아니라 여자아이들의 머리 장식에도 사용할 수 있고, 마을 운동회의 승리자의 관(잎사귀 만으로 만듦)으로도 응용할 수 있다.

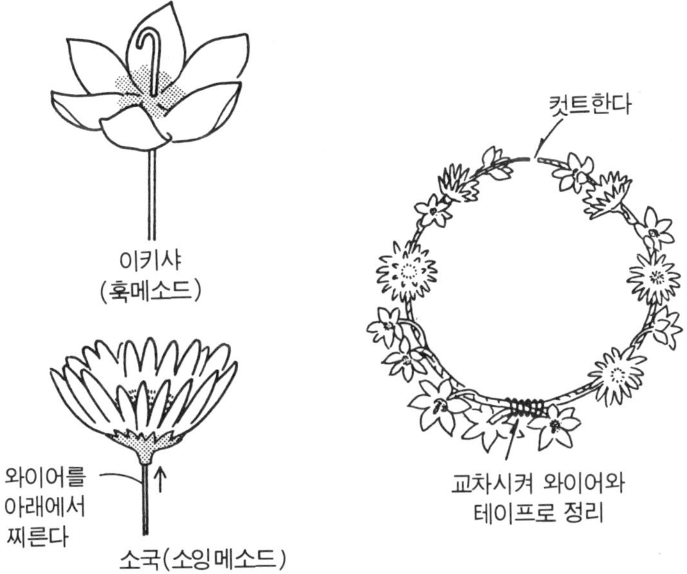

테이프를 감은 26번
와이어를 4cm 내어 꽃을
연결한다

코사지형

코사지를 정리하는 법과 같이 원포인트
형의 응용이다.

● **화재** : 신비쥼 1송이, 카네이션 5송이, 스마이락스 1가지.

● **디자인의 포인트** : 원포인트, 가란도, 라지에트형의 어느 쪽이나 두측부
(귀 후상부)의 헤어 오너멘트로써 이용할 수 있다.

헤어 오너멘트를 모을 때의 주의는 안개꽃과 같이 작은 꽃을 제외하곤
꽃의 줄기를 짧게 한 쪽이 안정을 줄 수 있다.

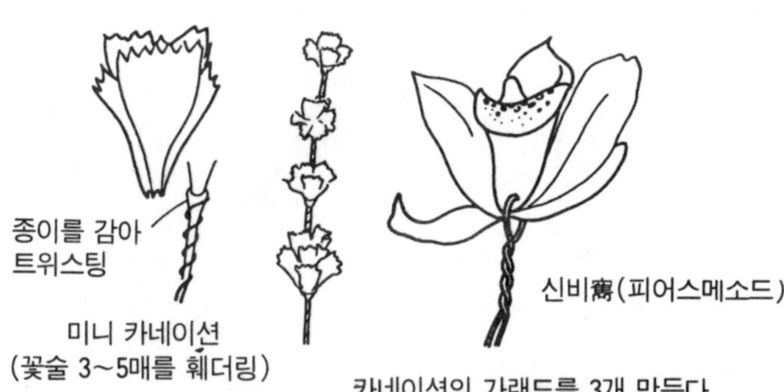

코로넷의 경우에도 머리가 짧은 분에게는 빗을 줄기에 붙이지만, 헤어 오너멘트는 빗색과 동일한 색의 테이프를 감은 28번 와이어를 사용하여 빗의 실을 꿰매듯이 묶어 정리한다.

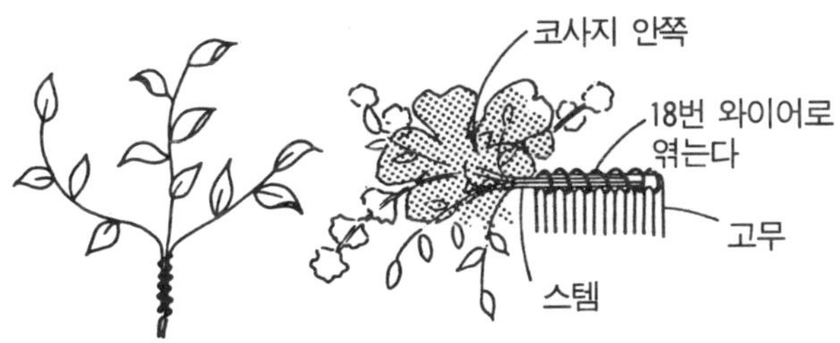

캡형
원만한 산형의 모자와 같은 형이다.

- **화재** : 장미 1송이, 스폭 1/2 개, 스위트피 9송이, 안개꽃 1/2개.
- **디자인의 포인트** : 라운트 코사지를 만드는 요령과 같다. 축이 되는 줄기가 흔들흔들하면 머리 위에서 불안정하게 되기 때문에 가장 주의해야 할 곳이다.

토크 모자와 같이 벗지만, 신부의 경우는 머리 위보다 약간 위쪽에 다는 것이 멋있다.

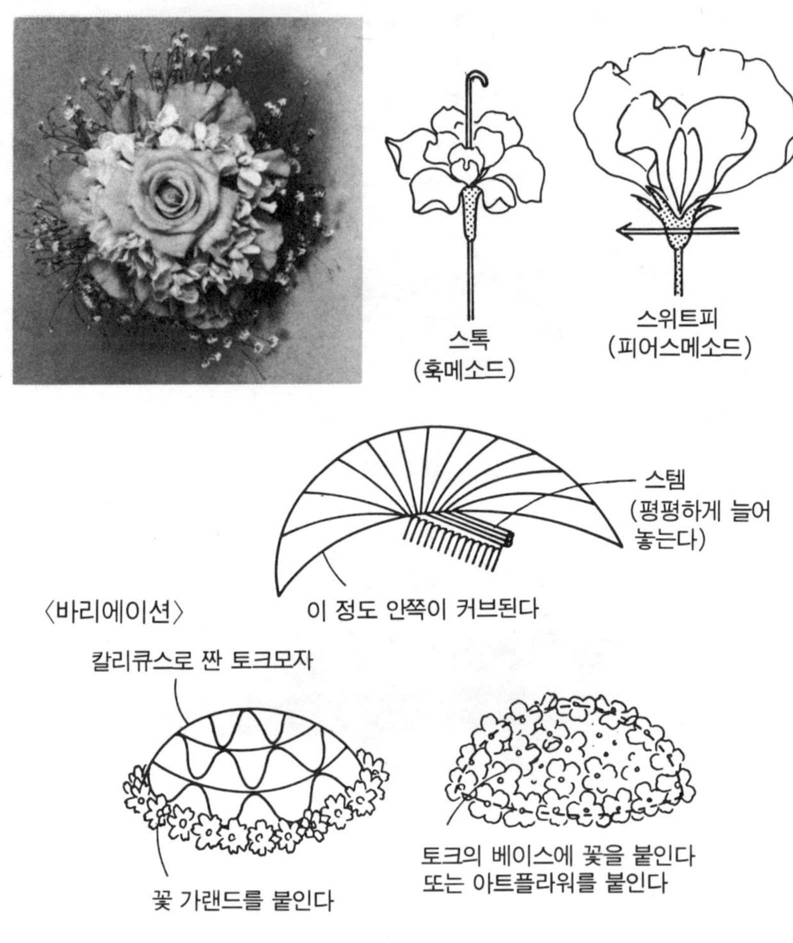

크레센토형

초승달과 같은 형이다.

● **화재** : 장미 2송이, 델피니움 1송이.

● **디자인의 포인트** : 2개의 굵은 가란도를 만들고 스템을 교차시켜 만든다. 모뿔조개를 2개 합쳐서 밑을 평평하게 한 느낌이다.

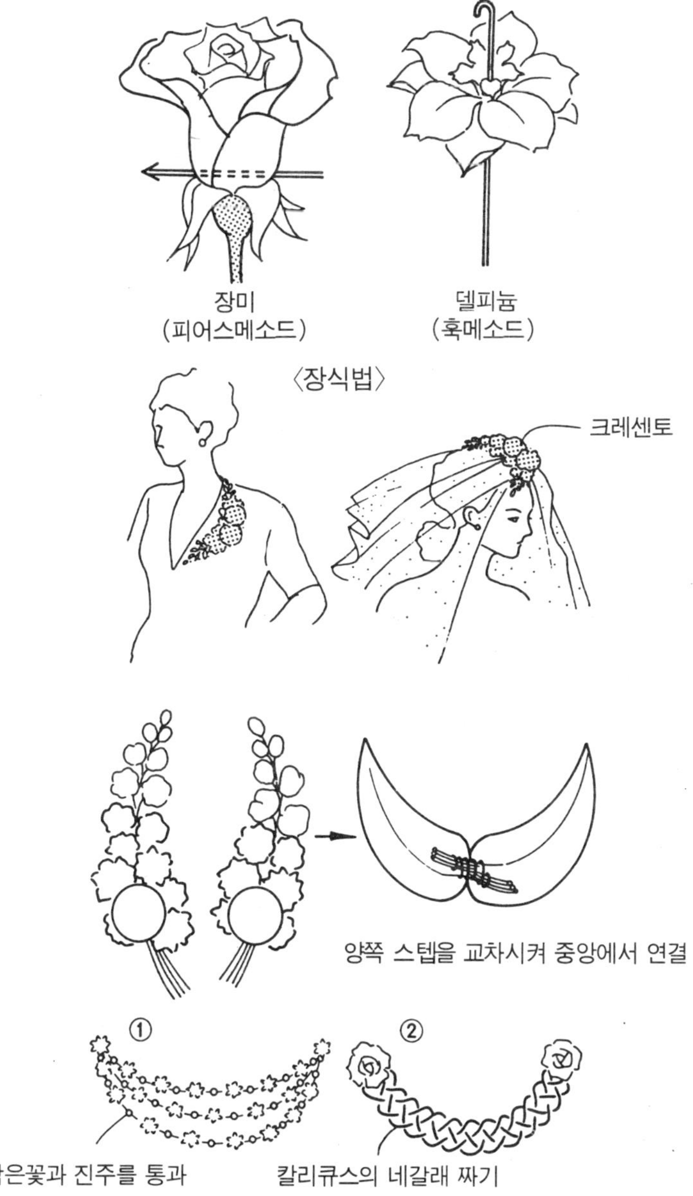

장미
(피어스메소드)
델피늄
(훅메소드)
〈장식법〉
크레센토
양쪽 스텝을 교차시켜 중앙에서 연결
①
②
작은꽃과 진주를 통과
칼리큐스의 네갈래 짜기

헤드폰형

음악을 들을 때 귀에 대는 헤드폰과
비슷한 형태이다.

● **화재** : 자양화 1송이, 안개꽃 1/4개.
● **디자인의 포인트** : 투 포인트라고 말해도 좋은 형태이다. 만드는 포인
트는 캡과 같다.

귀 뒤쪽이나 관자놀이의 상부 양쪽에 단다.

다는 위치에 따라 2개를 잇는 와이어 길이를 바꿔준다. 와이어 대신에
리본, 체인, 펄 등을 사용해도 괜찮다.

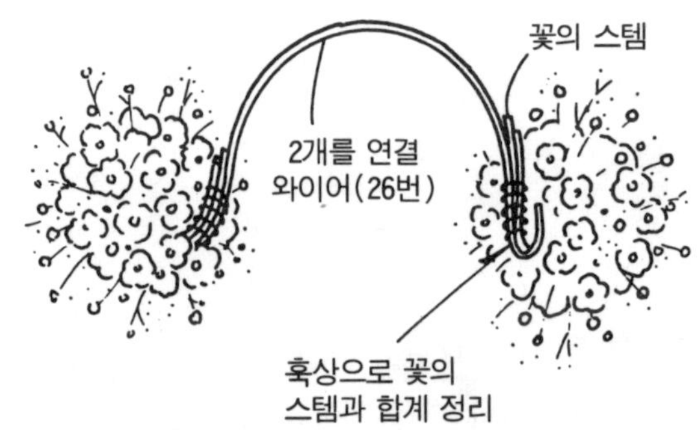

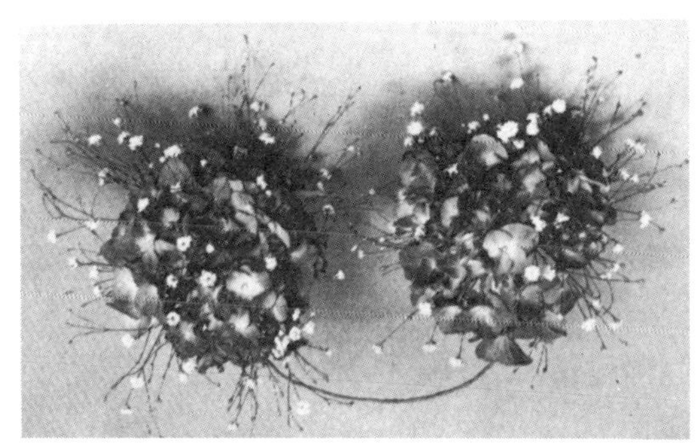

●부케

콜로니얼형
라운드형으로 만든다.

● **화재** : 커틀레어 1송이, 브바리아 7송이, 카네이션 7송이, 장미 7송이, 듀모사.

● **디자인의 포인트** : 콜로니얼형 외에 아소테드, 노즈게이 등이라고 불리는 것이 있다.

라운드형이라고는 하나 구형이 아닌 반원형으로 만든다.

라운드로 만든 아우트라인에는 프랑스츌(레이스형의 깔개)나 프렌치 보우, 커다란 잎사귀, 스마이락스 등으로 테두리를 하면 화려한 분위기가 생긴다. 꽃의 표면은 요철이 확실하게 나오지 않게 완만하게 만드는 편이 시각적으로 아름답게 느껴진다.

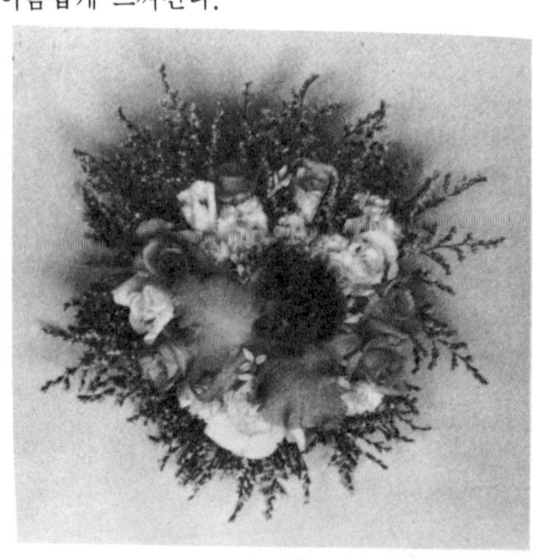

부케라는 말의 어감은 뭐라 해도 멋있는 꿈과 같기 때문에 단조로운 구성이 되지 않도록 신경을 쓴다.

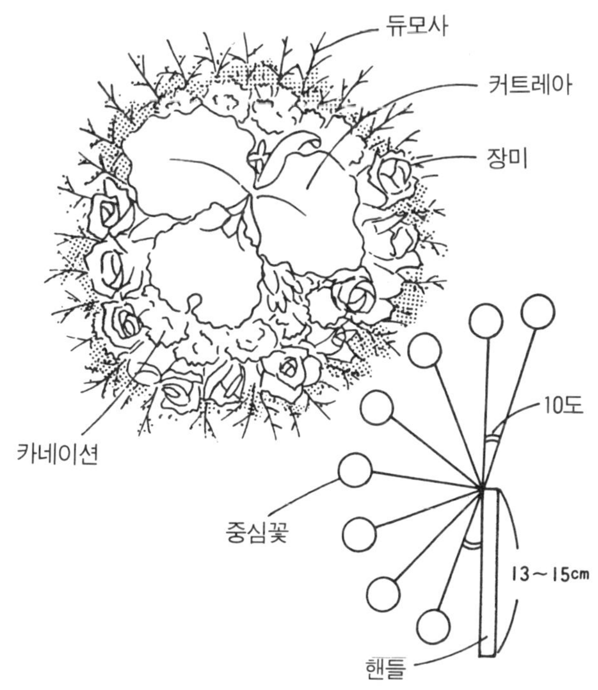

크레센토형

초승달 형이다.

● **화재 :** 장미 5송이, 작은 카네이션 15송이, 브바리아 7송이, 덴파레 7송이, 스마이락스, 레저판.

커브에 여성적인 우아함을 표현하였기 때문에 조형적인 디자인을 주의하는 이외에는 둥근 느낌의 꽃을 선택하는 편이 부드럽고 나리의 꽃봉오리나 끝이 뾰족한 잎은 만들기 어렵다.

● **디자인의 포인트 :** 길고 짧은 가란도를 1개씩 만들어, 중심부의 꽃을 몇 개 갖고, 그 위아래에 가란도 줄기를 꺾어 구부려 첨가하고, 나머지 꽃은 형태를 첨가하듯이 배열한다.

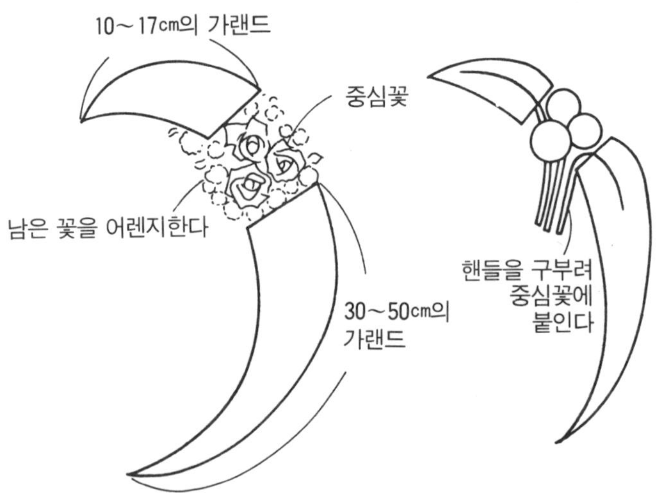

10~17cm의 가랜드
중심꽃
남은 꽃을 어렌지한다
30~50cm의
가랜드
핸들을 구부려
중심꽃에
붙인다

<바리에이션>

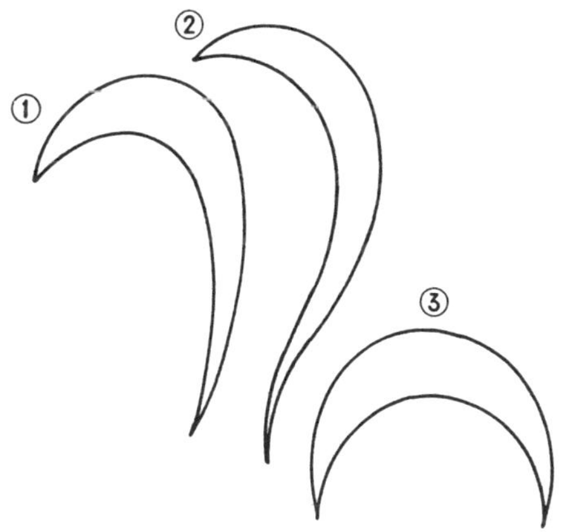

클러스터형

클러스터는 방형태의 의미로, 라운드
가 조금 아랫쪽으로 흐르는 형이다.

● **화재** : 커틀레어 3송이, 스카시나리 3송이, 브바리아 5송이, 스마이락스, 담쟁이덩쿨, 레저판.

● **디자인의 포인트** : 담쟁이덩쿨의 자연스러운 흐름이나 레저판의 잎 끝을 그대로 살려 아름다운 클러스터형을 만든다.

그외에는 아지언텀, 신비쥼의 이삭 끝 등도 사용할 수 있다.

흐르는 부분은 20㎝ 정도의 가란도로 만든다.

라운드에 비해서 화재의 특성을 살린 자연스러운 스타일로 마무리했기 때문에 상부도 원형이라기 보다는 계란형으로 변형시키는 편이 좋다.

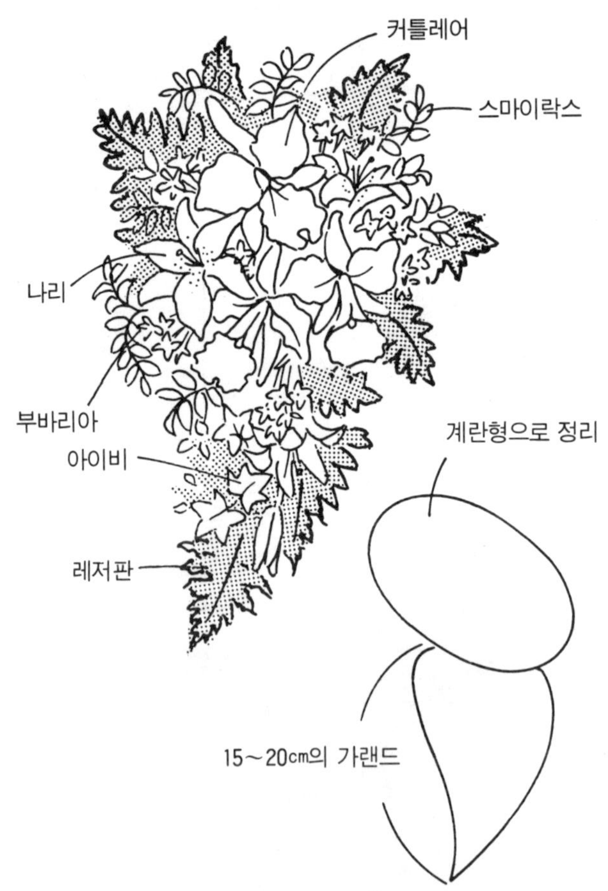

매스형
같은 꽃 만은 덩어리형으로 만든다.

● **화재** : 샤크윌 3송이, 신비 쥼 5송이, 카네이션 3송이, 안개꽃, 담쟁이덩쿨.

● **디자인의 포인트** : 꽃을 매스형으로 할 때의 아름다움과 줄기를 어떻게 취급하는가가 포인트이다.

꽃이 듬성듬성하면 빈약하게 보인다.

줄기는 가운데에 와이어를 넣거나, 야크마링하여 자연스럽게 보이도록 묶어 하나로 만들고, 탈지선을 감아 호일과 비닐로 싸서 다시 리본을 감아도 좋다.

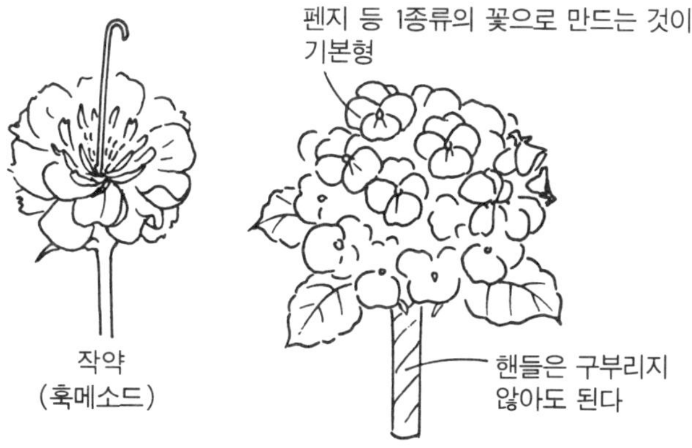

스리라인형

중심의 꽃과 3송이의 가란도를 구성하는 형이다.

● **화재** : 카나레아 2송이, 신비쥼 5송이, 덴파레 5송이, 카네이션 5송이, 브바리아 7송이, 안개꽃, 담쟁이덩쿨, 스마이락스, 레저판.

● **디자인의 포인트** : 크레센토에 또 하나의 가란도가 더해지는 형이지만, 3개가 각기 길이와 위치의 밸런스의 아름다움이 포인트로써 종래의 트라이앵글과는 다르다.

라인은 가란도 하지 않고 담쟁이덩쿨, 온시쥼 등과 같은 자연스러운 가지를 그대로 사용해도 좋고, 중심의 꽃은 라인의 강도의 흐르는 방향에 따라 높게 하거나 낮게 한다.

〈바리에이션〉

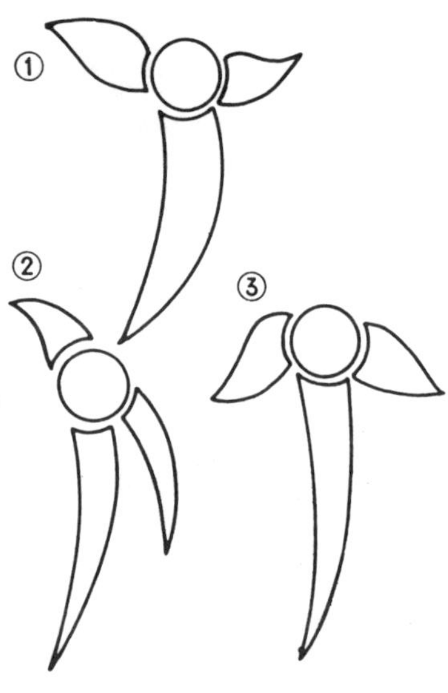

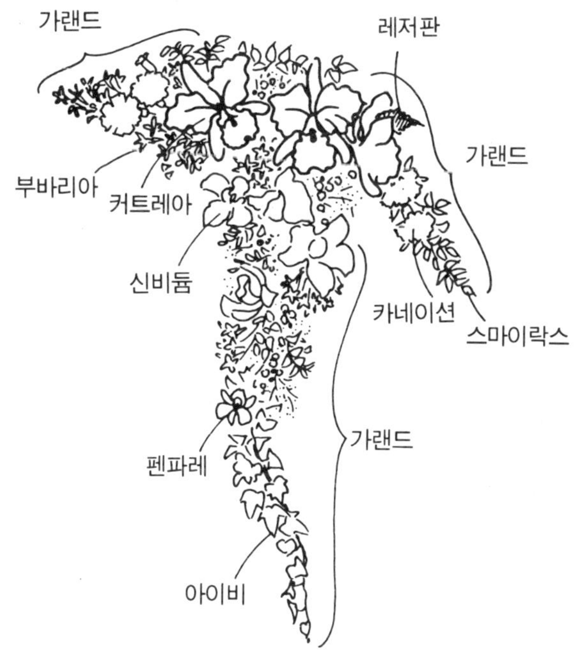

캐스케드형

계단형으로 떨어지는 폭포 모양의
것을 캐스케드 라고 한다.

● **화재** : 커틀레어 1송이, 신비쥼 7송이, 브바리아 7송이, 덴파레 15송이,
안개꽃, 담쟁이덩쿨, 스마이락스, 레저판.

● **디자인의 포인트** : 흐르는 부분에 사용하는 꽃의 양과 상부의 라운드
의 양은 대체로 같은 정도로 나누어 라운드 쪽에는 비교적 많이 피고 큰
꽃을 쓰며, 상부와 가란도의 균형이 좋게 된다.

우선 가란도를 만들어 상부의 라운드와 조합시키는데 라운드 부분은
반 정도의 꽃을 모으는 정도로 하여 가란도를 더하고(①), 나머지 꽃으
로 그 사이를 메꿔주거나 가란도 형과의 조화를 생각하여 배열하면 잘 정
리된다(②).

캐스케드, 클러스터, 크레센토의 부케인 경우, 일반적으로 손잡이는 수

직으로 세운다. 가란도의 스템을 라운드의 스템에 첨가시키기 위하여 접
어 구부린다 (③). 그러나 그림④와 같이 수평으로 완성하는 부케도 있다.
이 부케는 손잡이를 신체 중심에서 약간 사이드쪽으로 쥔다.

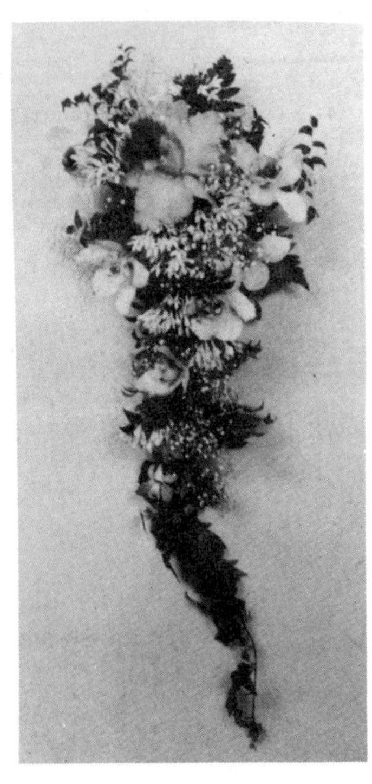

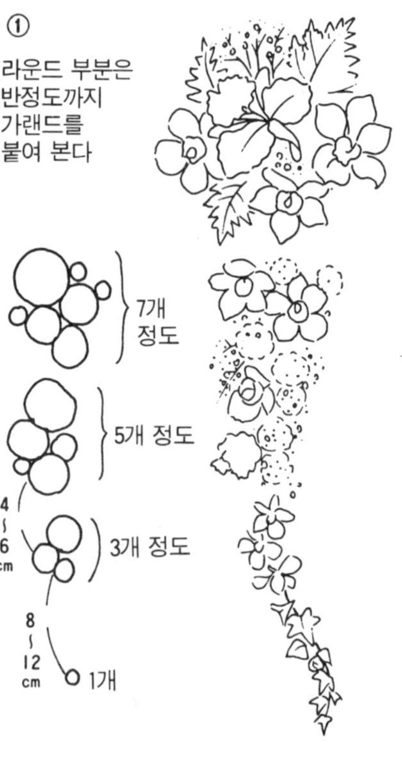

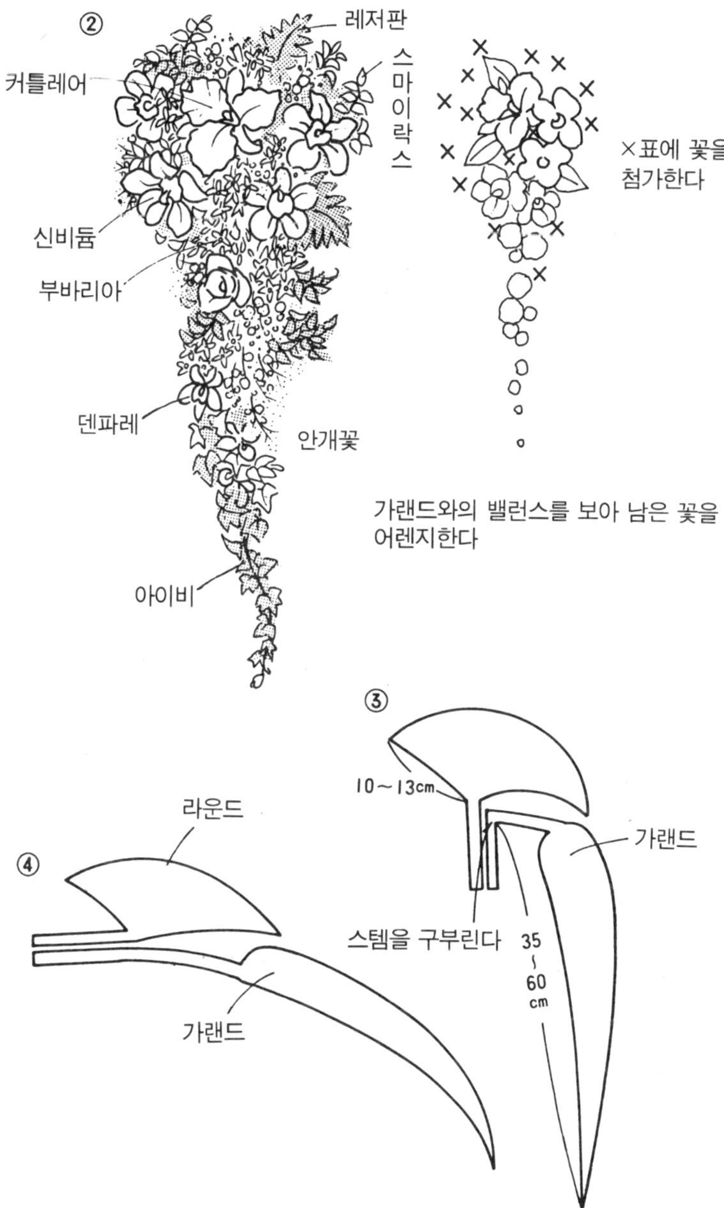
②
레저판
커틀레어
스마이락스
신비듐
부바리아
덴파레
안개꽃
아이비
×표에 꽃을
첨가한다
가랜드와의 밸런스를 보아 남은 꽃을
어렌지한다
③
10~13cm
가랜드
스템을 구부린다
35
~
60
cm
라운드
④
가랜드

원추형

마치 꽃을 양팔로 안은 것과 같은 꽃다발이다.

● **화재** : 셔크윙 2송이, 장미 5송이, 시카시나리 3송이, 스프레이 국화, 브바리아, 듀모사, 스마이락스.

● **디자인의 포인트** : 와이어 링이 꽃머리에 걸리기 보다는 줄기가 조금 보이게 하는 정도로(5~10 ㎝) 내어 와이어를 다는 편이 좋다.

줄기가 짧을 때는 2~3개 연결하여 사용하고, 전체로써는 가로 길이보다 세로 길이가 사용하기 쉽다.

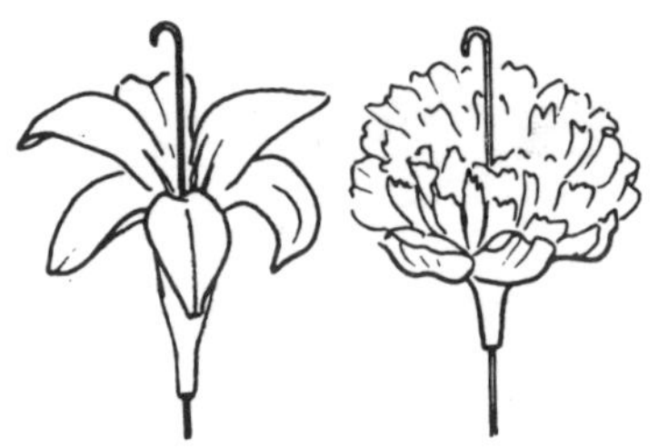

나리
작약
(훅메소드)

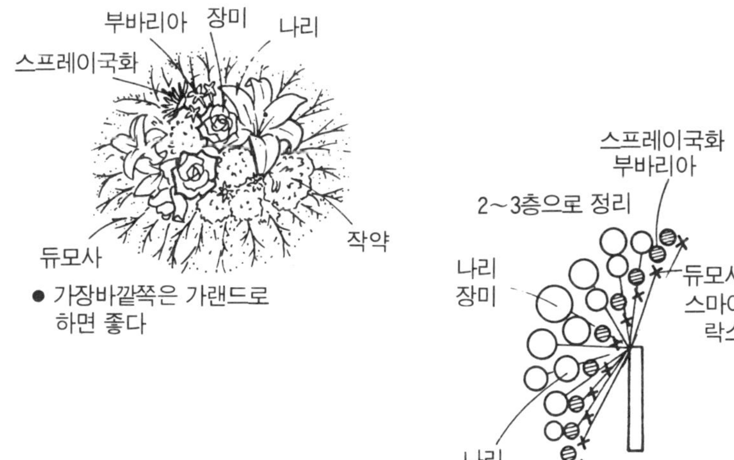

내추럴 스템형

자연적인 가지 2～3개를 그대로 살려 모은 형이다.

● **화재** : 나리 3송이, 안개꽃, 스마이락스, 3.6cm 폭의 리본, 그 외에 장미, 안스리움, 칼라 등 줄기가 아름다운 개성적인 꽃을 선택한다.

● **디자인의 포인트** : 줄기의 길이와 꽃 2～3송이의 방향의 가감, 요철의 구성과의 균형이 포인트이다. 심플한 만큼 단순한 흉내를 내는 작품으로 끝나지 않도록 한 것이다.

자연 그대로의 줄기이기 때문에 끝에서 액이 나오는 칼라의 경우는, 그 처리에 신경을 쓴다.

만드는 것은 간단한 것 같지만, 꽃이 일찍 시들기 때문에 사용하기 3시간 정도 전에 만들어야 한다.

모아진 곳은 테이프를 감은 와이어로 묶지만, 줄기가 상처를 입기 때문에 그 부분은 플로라 테이프를 감아둔다.

〈바리에이션〉

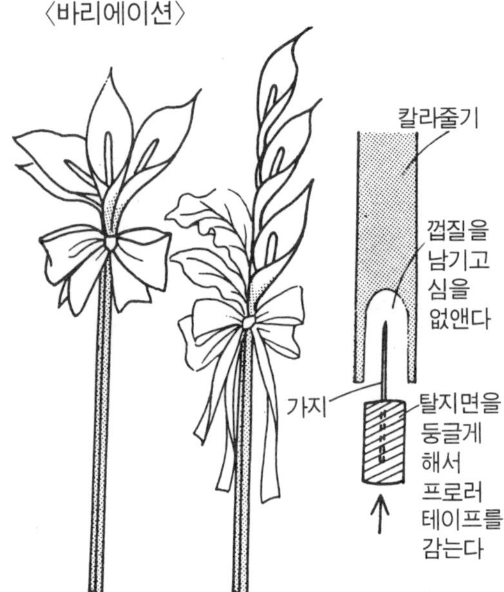

●어레인지먼트 —————— 작품을 모으는 방법

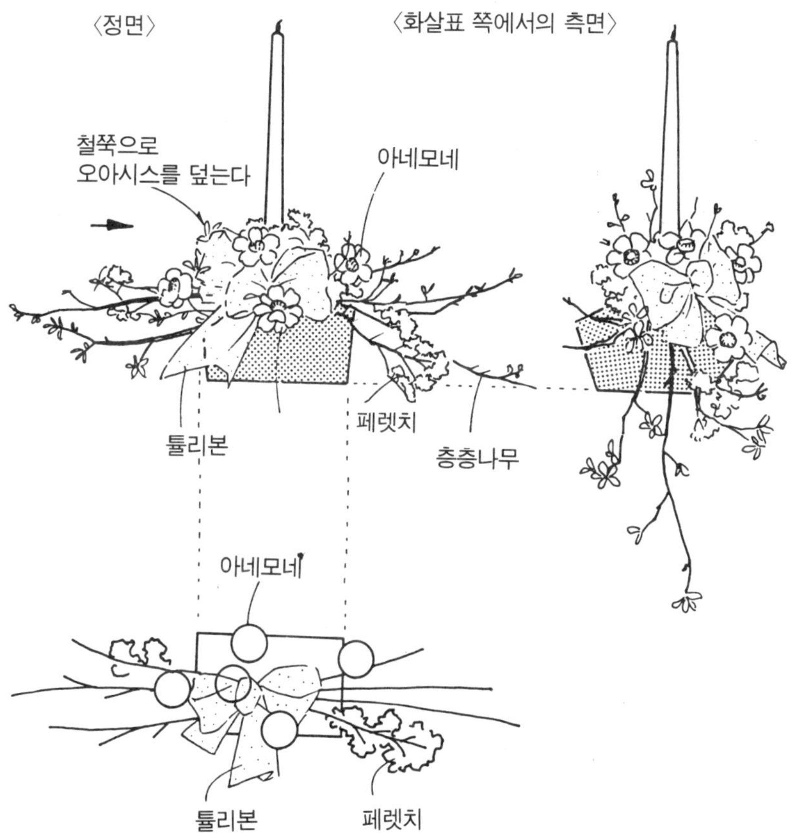

● **화재** : 충충나무 3개, 페래치 1개, 아네모네 5송이, 철쭉꽃 1/2송이, 츌 리본. 화재는 옆으로 흐르는 형태가 좋고 부자연스럽지 않은 것을 선택한다.

● **디자인의 포인트** : 화반은 낮은 것이 만들기 쉽다. 키가 큰 화반은 옆으로 흐르는 선과 그릇의 사이에 생기는 공간을 생각하여 배열의 균형을 준다. 중심의 꽃에 접하는 대적선에 장미를 꽂고, 연출과 악센트 꽃을 넣어 변화를 준다. 여기서는 파티 테이블의 배열로 한 것이기 때문에 리본을 사용하였다.

〈바리에이션〉

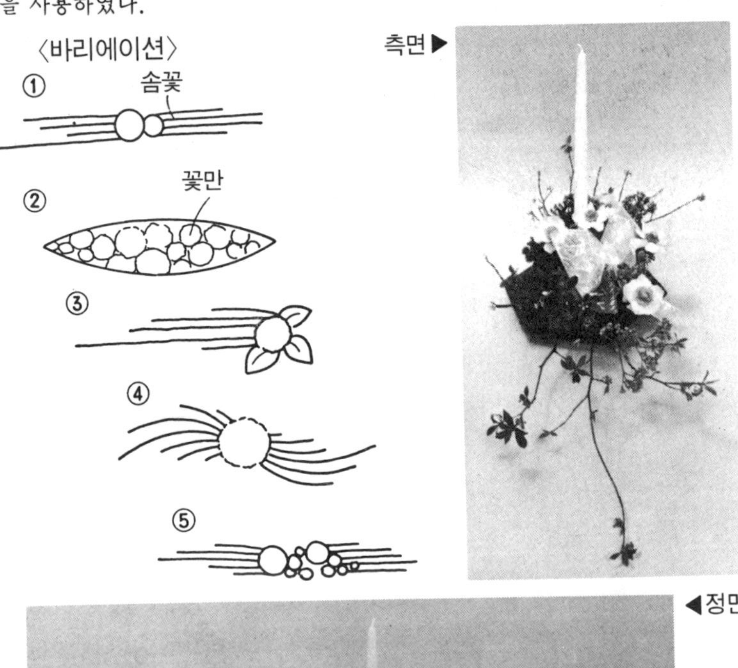

바티칼형
수직으로 위를 향하여 뻗은 형이다.

● **화재** : 보리 11개, 브로컬리 1개, 고추 3개, 작은 토마토 3개, 에샬로트 3개, 마아가렛 1송이, 담쟁이덩쿨 2송이.

 그외에 적당한 화재는 큰 고랭이, 황엽, 젖꼭지나무, 일본 올벚나무, 코르빌, 나리 등 서 있는 모양이 깔끔한 것이다.

● **디자인의 포인트** : 우선 보리를 중앙에, 다음에 브로컬리를 꽂고, 색채를 보면서 나머지를 꽂는다.

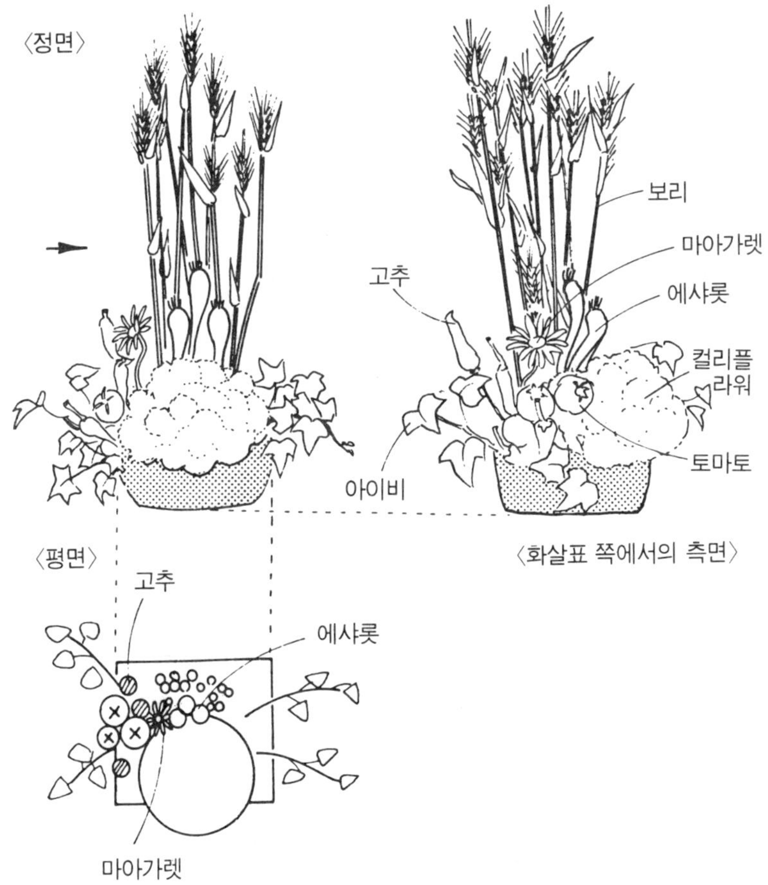

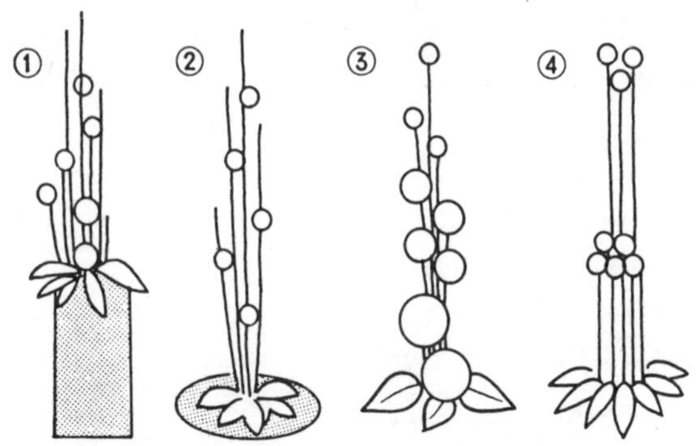

수직으로 뻗는 선을 보다 강조하기 위하여 통형의 긴 그릇을 사용하는 경우①, 평평한 그릇과 대조적으로 배열하는 경우②가 있으나, 일반적으로는 작은 그릇 쪽이 전체의 균형이 좋다.

바리에이션 ③과 같이 꽃을 리드미컬하게 전체에 두는 디자인은 점포 안의 디스플레이나 회장(会場)의 디스플레이와 같은 장소가 아니면 너무 강하게 된다.

뻗는 선을 아름답게 보이게 하는 데에는 포컬 포인트(꽃이 모이는 오아시스의 중앙부)를 아름답고 심플하게 배열할 것, 뻗는 선은 뒤로 너무 젖혀지지 않게, 또 앞으로 쏠리지 않도록 한다. 수직으로 서는 형이지만, 가지의 자연스러운 감을 표현할 때는 다소 전후, 좌우로 움직임이 있는 것도 괜찮다.

와인드 크레센토형
퍼짐이 있는 초승달 형이다

● **화재** : 라이덴보그 1송이, 스위트피 7송이, 스프레이맘 1송이, 팬지 1/2개, 담쟁이덩쿨 1/2개.

● **디자인의 포인트** : 홀리존탈 형과 같이 이 형태도 낮은 그릇 쪽이 부드럽게 된다. 이유도 같다.

이 형태는 커브시킨 화재를 사용하는 디자인 ①과 직선에서 곡선을 구성하여 배열하는 ②의 두 가지 표현이 있다.

중심꽃을 낮게 꽂고, 오아시스의 가로 부분은 뒤쪽부터 꽂아 이용하지 않으면 배열 전체가 그릇에서 빠져 나오는 느낌이 된다. 선물하는 것을 함께 배열하여 선물용 꽃으로도 사용할 수 있는 배치이다.

커브로 우아함을 표현하는 디자인이지만 조형적인 기교를 보이지 않기 위해 여기서는 담쟁이덩쿨로 변화를 주었다.

A, B, C의 순서로 꽂는다.

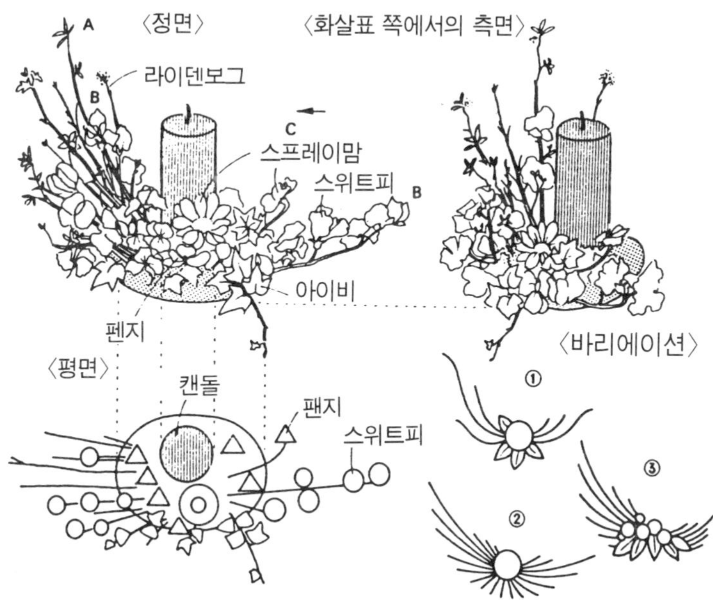

〈정면〉

〈측면〉

캐스케드형
작은 폭포와 같이 흐르는 형태이다.

● **화재** : 거베라 2송이, 이키샤 2송이, 브바리아 2송이, 일본 갈기조팝나무 2송이, 담쟁이덩쿨 1개, 라이덴보그 1개.

● **디자인의 포인트** : 가지 방향에 따라 흐르는 라인이 왼쪽이나 앞쪽이 되는 형도 있다.

흐르는 방향에 따라 그림의 가지 C의 위치가 변한다. 가지는 A, B, C 의 순서로 꽂고, 중심꽃 D는 낮고 작게, 심플하게 꽂는다.

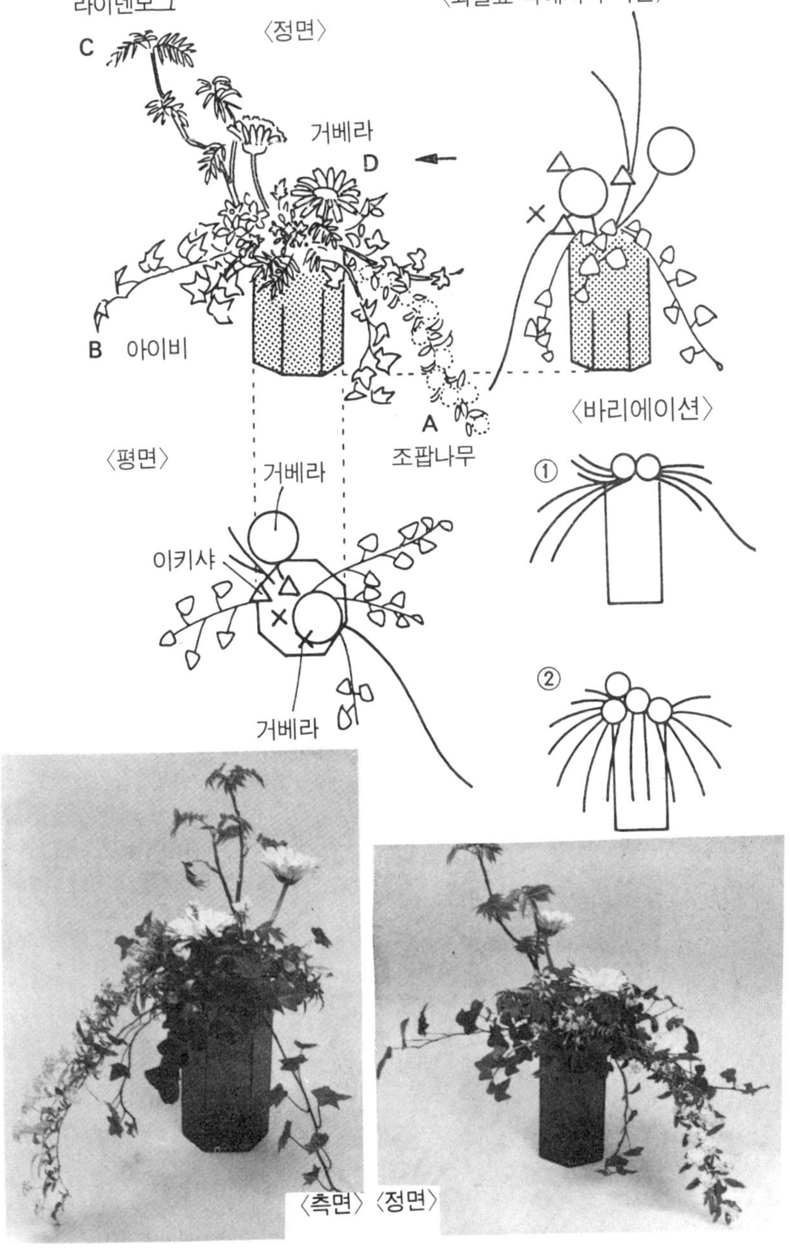
라이덴보그
C
〈정면〉
〈화살표 쪽에서의 측면〉
거베라
D
×
B 아이비
〈바리에이션〉
A
조팝나무
〈평면〉
거베라
①
이키샤
×
거베라
②
〈측면〉 〈정면〉

V형
알파벳의 v자로 배열하는 형이다.

● **화재** : 후리지아 4송이, 신비즘 3송이, 스카시나리 3송이, 스마이락스 1/4가지.

● **디자인의 포인트** : V의 길이에 맞게 바꿔 꽃의 분량도 2 : 1로 한다. 중심의 꽃은 낮게 꽂고, 전방으로 튀어 나오지 않도록 심플하게 모아 정리한다. 게다가 V의 중심에 잔뜩 모이게 하지 말고 짧은 쪽으로 기울인다. 그림의 A, B, C순으로 꽂는다.

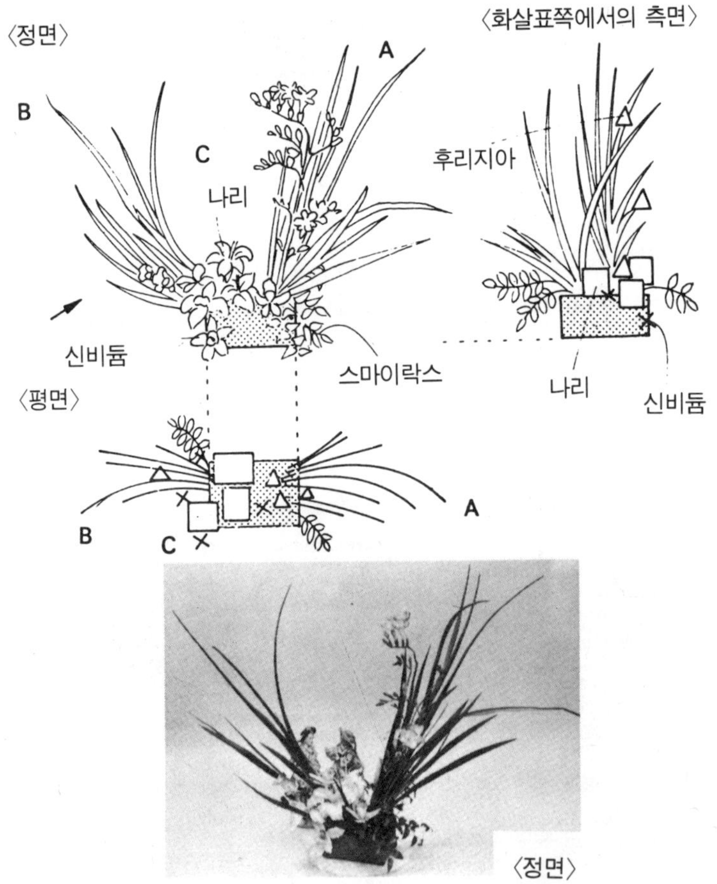

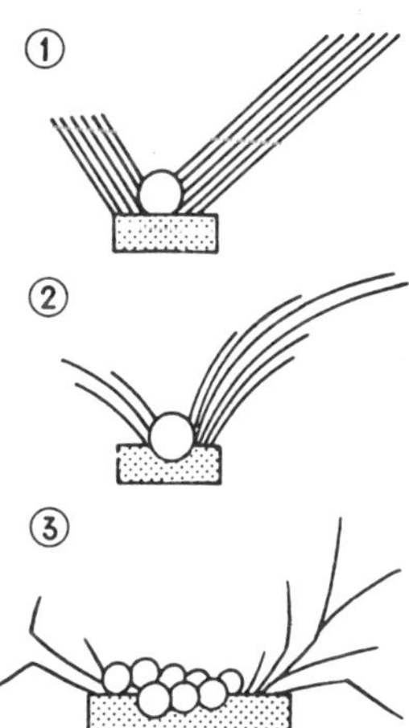

인버텟트 T형

알파벳의 T 자를 거꾸로 한 배열이다.

● **화재** : 황엽 5개, 이키샤 3개, 스위트피 3송이, 레저판 3매.

● **디자인의 포인트** : 화반은 낮은 것이 적당하다. 유려한 선 구성의 배열이기 때문에 중심 부분은 작게 모아 꽂는다. 3각형의 비스듬한 선의 공간에 꽃을 높게 꽂으면 트라이앵글형이 되어 심플한 선 구성의 특징을 잃게 된다. 가지는 A, B, C, D 의 순서로 꽂는다.

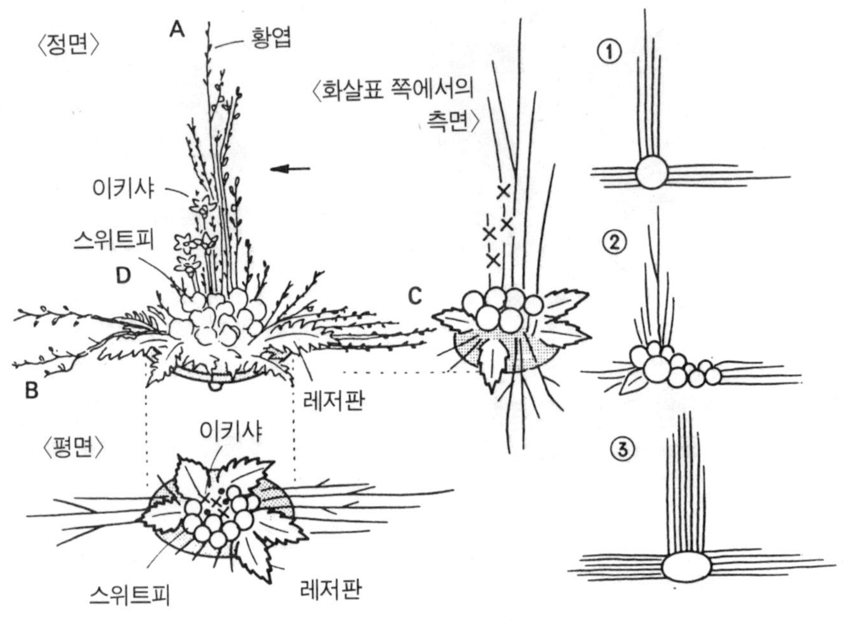

L형

알파벳의 L자로 꽃을 배열한다.

● **화재** : 아이리스 3송이, 스프레어멍 5송이, 낙엽 관목 1송이, 밀리오글러더스 1/4 가지, 동백나무의 작은 가지 1개, 스마이락스 1/4개.

● **디자인의 포인트** : 세로 선을 살려 길게 사용한다. 같은 길이로 하면 중심의 꽃 배치가 어려워진다.

중심부는 작게 모아 꽂는다. 인형이 있는 부분을 낮게 배열하고, 중심부의 왼쪽 아래에 잎을 꽂는다.

그림 ②와 같이 거꾸로 된 L자도 있으므로 단장의 꽃으로서 양 옆에 장식하면 좋다. 그림 ③과 같이 특수하게 옆으로 긴 L자형도 재미있다.
A, B, C의 순서로 꽂는다.

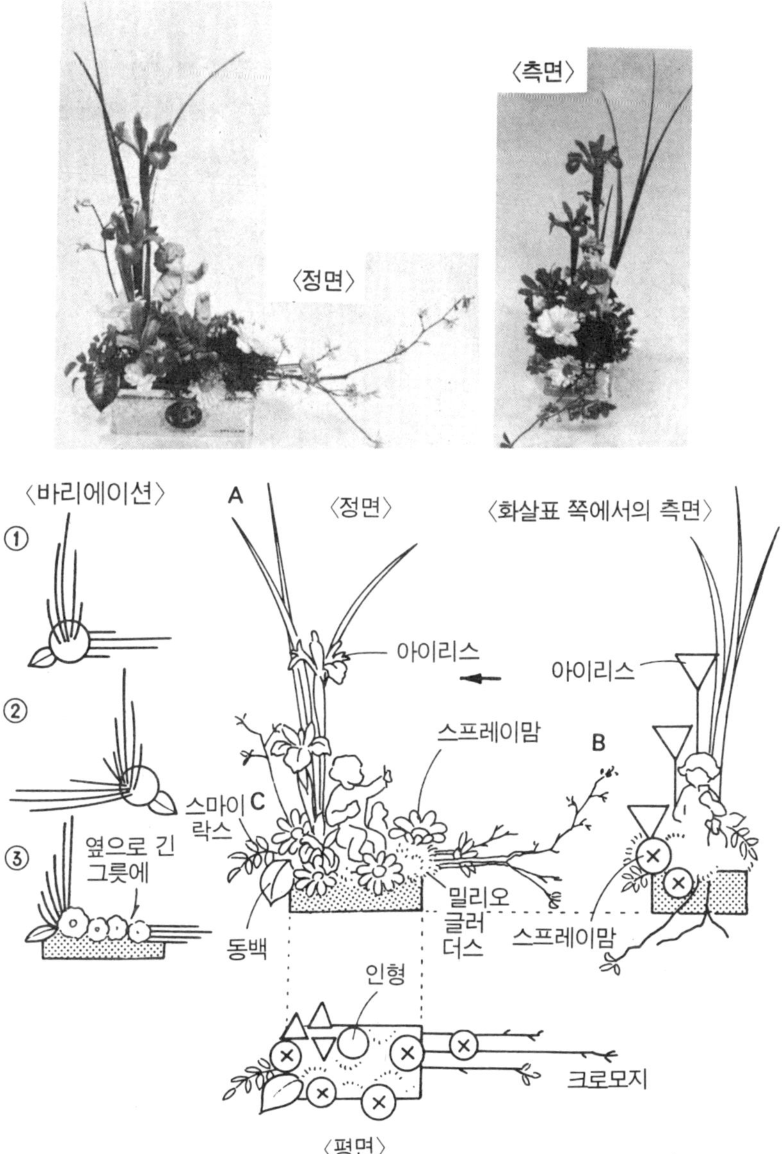

패러렐형 (매스바티칼)

패러렐이란 병렬로 나란하다는 의미이다.

● **화재**: 풍년화·라이덴보그·거베라 각 1송이, 일본 올벚나무·황엽·카네이션·아네모네·스프레이멈·소국 각 2송이, 담쟁이덩쿨 1개, 밀리오글러더스 1/5개.

● **디자인의 포인트**: 한 점으로 초점을 죄어 구성하는 기본형이 많은 것 같은 이것은 꽂는 위치가 옆으로 퍼지는 형태이다. 꽃이나 가지가 자연스럽게 서있는 모습의 아름다움을 살린 배열이다.

오아시스를 밀리오로 덮고, 가지를 배열하면서 중간 정도의 꽃, 그리고 낮은 꽃을 꽂은 후에 담쟁이덩쿨, 라이덴보그 잎을 악센트로 꽂는다.

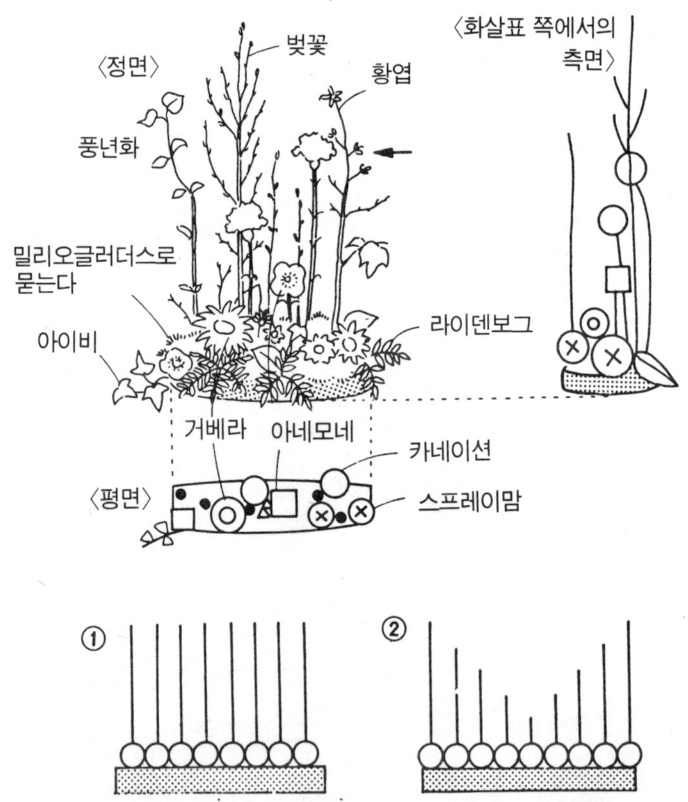

〈정면〉　　　〈측면〉

스란트형
스란트란 비스듬한 형태란 의미이다.

● **화재** : 풍년화 2송이, 철쭉꽃의 작은 가지, 자양화 1송이, 동백나무의 작은 가지, 은색펄.

◉ **디자인의 포인트** : 비스듬히 서있는 가지와 꽃을 주로 한 형이다. 동양적인 미의식의 표현이라고 말할 수 있다.

균형을 잡기 위해 훠컬포인트로 커다란 꽃을 선택했다.

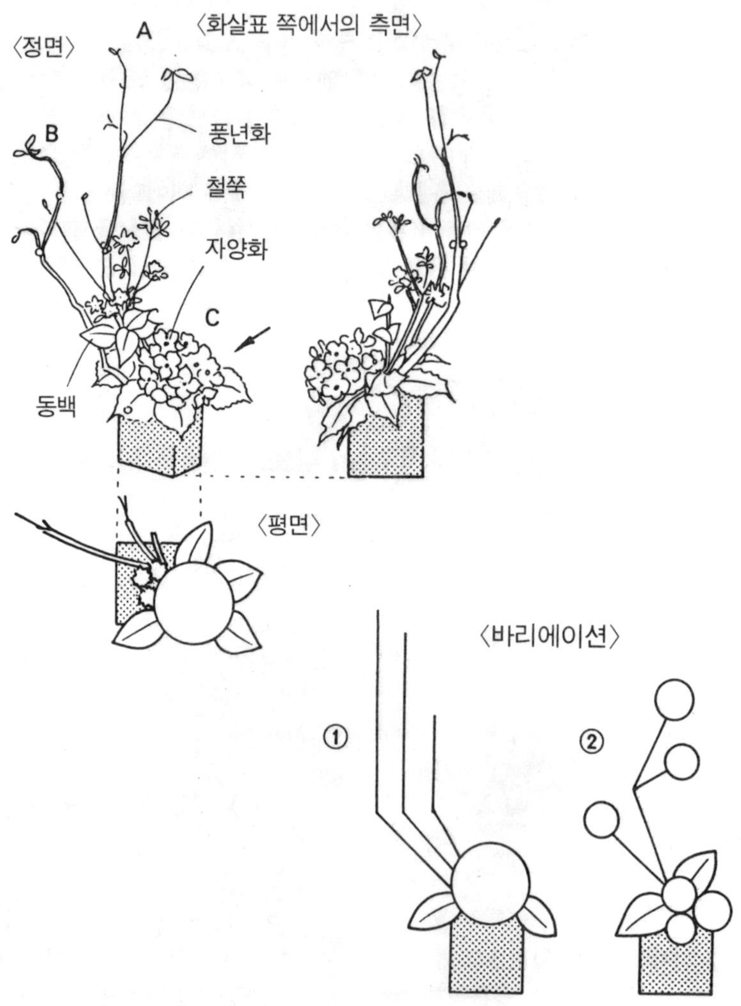

트라이앵글형
삼각형으로 꽂는다.

● **화재** : 터키 도라지 15송이, 스프레이멈 8송이, 안개꽃, 밀리오글러더스.

● **디자인의 포인트** : 트라이앵글에도 정삼각형, 이등변삼각형, 부등변삼각형이 있다. 익숙치 않은 가운데 전체를 작게 만들어 중심에 커다란 꽃을 사용하여 배열하면 전체 부분이 모두 잘 보이고 알기 쉽게 한다. 중심에 가까워질수록 꽃의 간격을 좁게 배치한다. 꽃에서 조금 떨어져 보고 꽃과 꽃 사이에 무리가 있거나 두드러지는 꽃이 있는 것은 좋지 않으므로 균형을 맞춰준다.

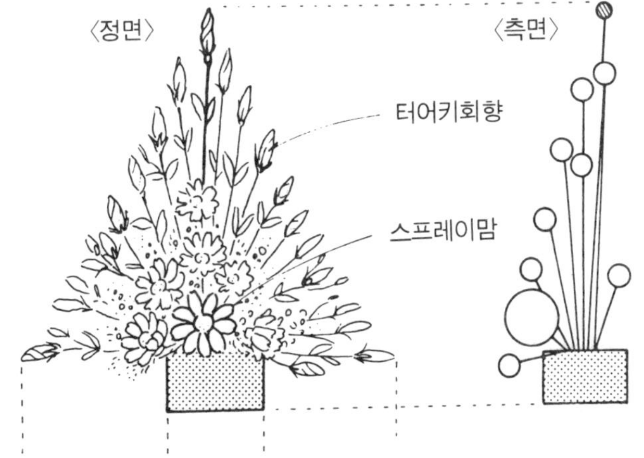

〈바리에이션〉

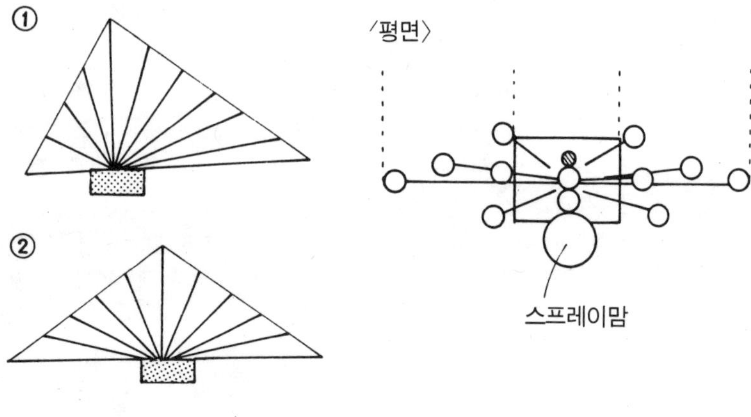

라지에트형
방사선으로 배치하는 형태이다.

● **화재** : 운용류 3가지, 라이덴보그 1개, 후리지아 5송이, 마아가렛 7송이, 자양화 1송이, 밀리오글러더스.

● **디자인의 포인트** : 중심의 꽃은 큰 꽃이나 잎으로 매스형으로 꽂고, 가지는 자연스러운 형태를 살리면서 방사선으로 배열하는데, 길이나 간격의 균형을 고려하여 구성한다.

　오버형보다 화재는 좀 작고, 화재의 개성은 확실하게 표현한다. 방사선으로 나온 선 구성의 아름다움과 심플하고 작게 모아 꽂는다.

〈바리에이션〉

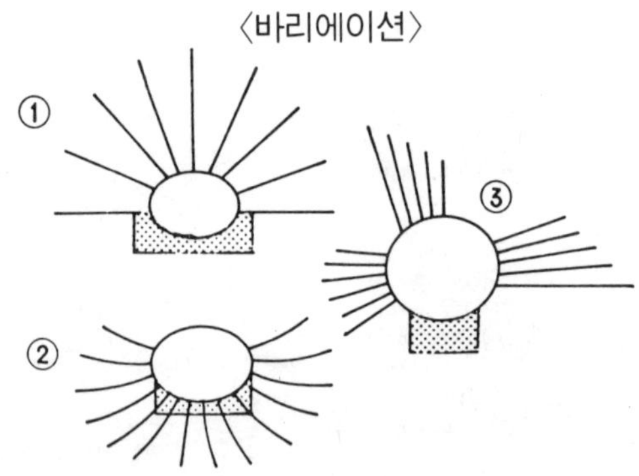

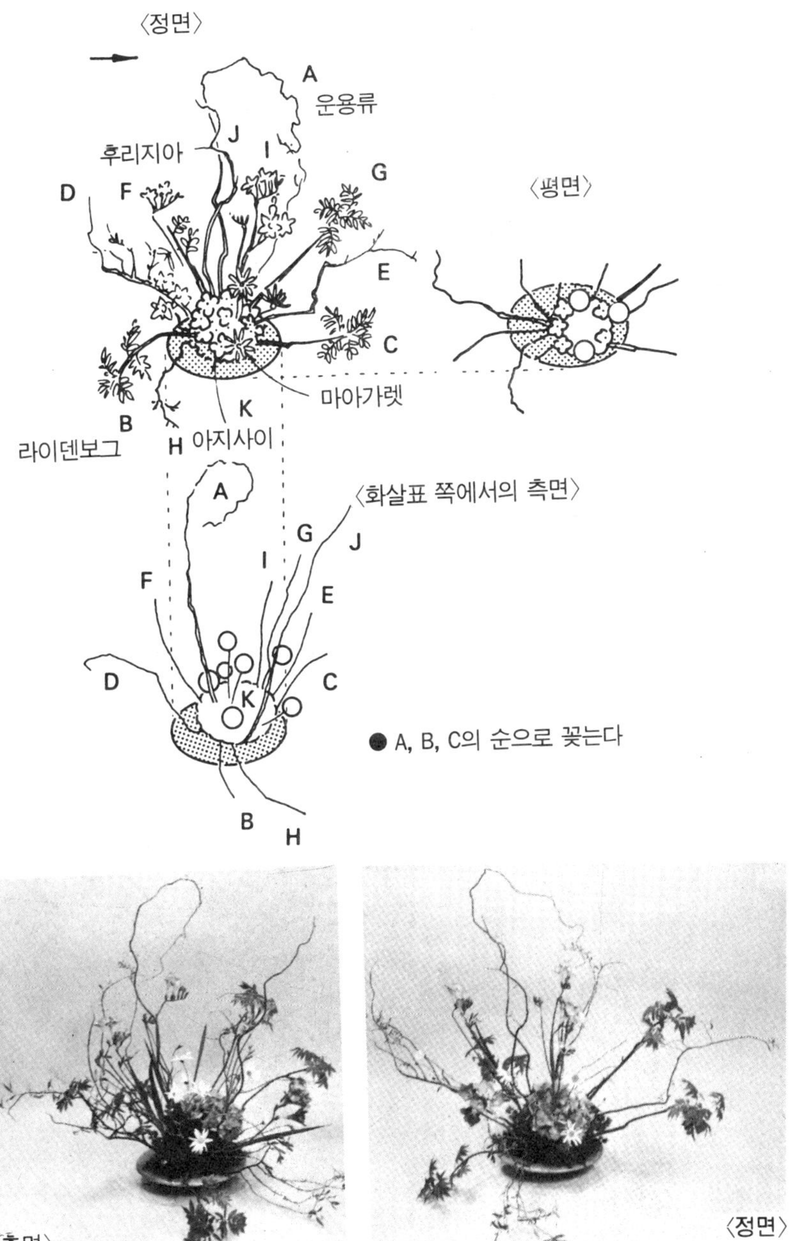
〈정면〉
A
운용류
J
I
후리지아
G
D
F
〈평면〉
E
C
마아가렛
B
K
라이덴보그
H 아지사이
〈화살표 쪽에서의 측면〉
A
G
J
I
F
E
D
C
K
B
H
● A, B, C의 순으로 꽂는다
〈측면〉
〈정면〉

마운드형

반원형으로 높고 작게 흙두더미를 쌓은 것 같이 배열하는 형태이다.

● **화재** : 아네모네 5송이, 팬지 5송이, 작은 카네이션 5송이, 안개꽃 1송이, 페렛치 1송이, 리본.

● **디자인의 포인트** : 오아시스의 윗표면을 반원으로 잘라 전체에 페렛치를 꽂고 베이스를 만든다. 아네모네를 균등하게 꽂고, 그 사이에 팬지를 아네모네와 같은 높이로 꽂고 주위에 작은 카네이션, 최후에 안개꽃의 끝을 정리하여 다른 꽃보다 약간 높게 꽂는다.

〈정면〉 〈측면〉

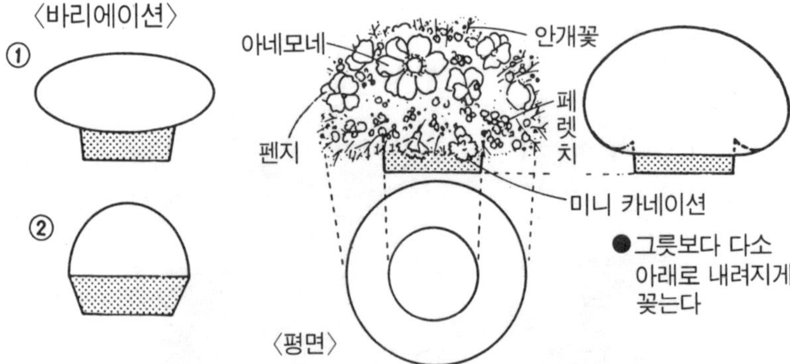

클립형
클립은 긴다는 의미이다.

● **화재** : 마아가렛 3송이, 아네모네 3송이, 운용 유 2개, 담쟁이덩쿨 1개, 라이덴보그 1개, 파셀리 3개.

● **디자인의 포인트** : 자연스러운 식물의 모습을 살려 테이블 위를 장식하고, 그 사이에 글라스나 케익 등을 놓는 데코레이션이다.

　가지를 지저분하지 않도록 정리하는 것이 중요하다. 중심을 파셀리로 꽂아 정리하고, 꽃은 간격을 두고 꽂으며 가지의 형태가 재미있는 것부터 순서대로 꽂고, 최후에 라이덴보그 잎을 악센트로 더한다.

　다이나믹한 느낌보다 섬세한 터치로 완성한다.

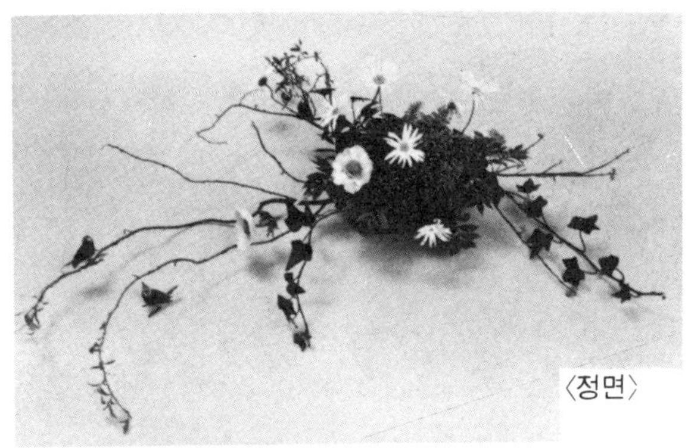

〈정면〉

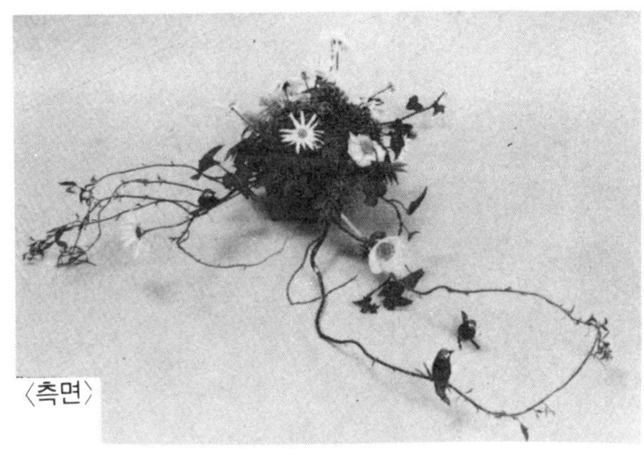

〈측면〉

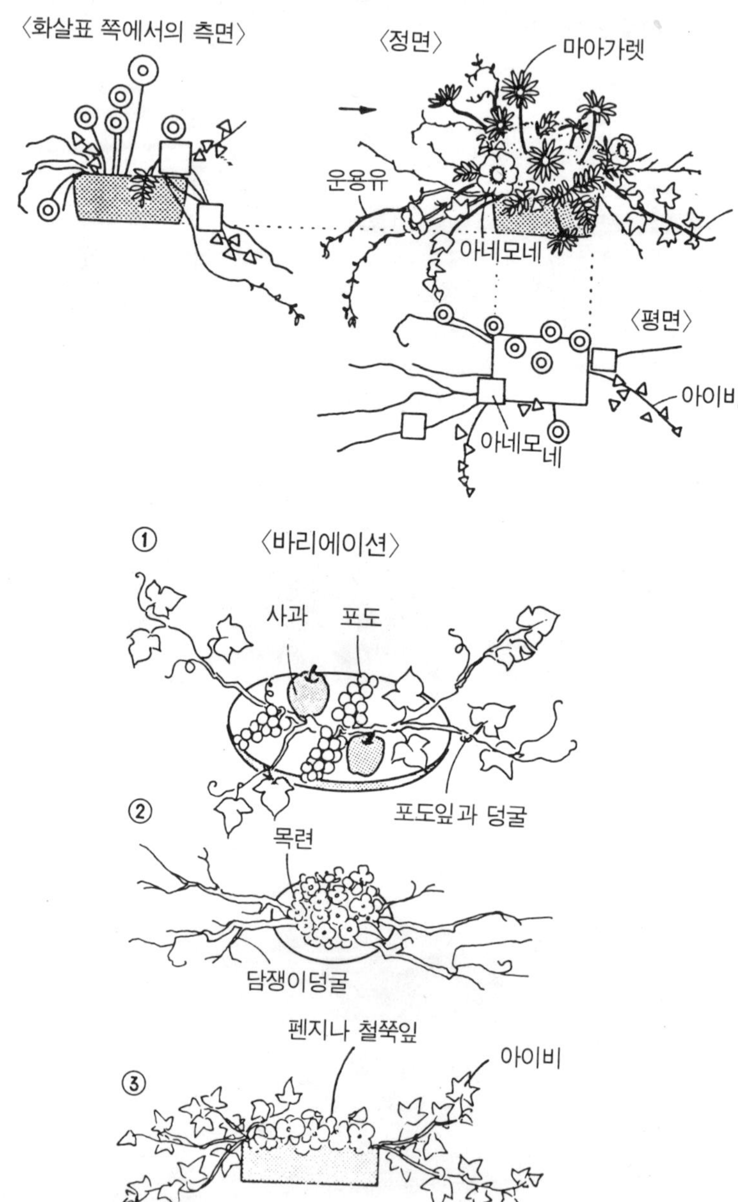
〈화살표 쪽에서의 측면〉
〈정면〉
마아가렛
운용유
아네모네
〈평면〉
아이비
아네모네
① 〈바리에이션〉
사과
포도
포도잎과 덩굴
② 목련
담쟁이덩굴
펜지나 철쭉잎
아이비
③

매스 글립형

여러 종류의 꽃을 각기 매스형의 글
립으로 나누어 배열하는 형이다.

● **화재** : 아이리스 3송이, 스위트피 2송이, 페렛치 1송이, 밀리오글러더스
1/4개, 몰 5개.

● **디자인의 포인트** : 꽃의 색채를 덩어리로 울창하게 잘 배치하는 것이
다.

　밀리오글러더스를 전체에 꽂는다. 다음에 색, 형태가 확실한 아이리스
를 모아 꽂고, 잎과 보라색을 완화하듯이 핑크색의 스위트피를 꽂는다.

〈정면〉

〈측면〉

　다시 아이리스와 밀리오글러더스의 사이에 엷은 보라색의 페렛치를 꽂는다.
　재미를 연출하기 위하여, 눈에 띄는 곳에 곱슬곱슬하게 만든 몰을 악센트로 꽂는다.

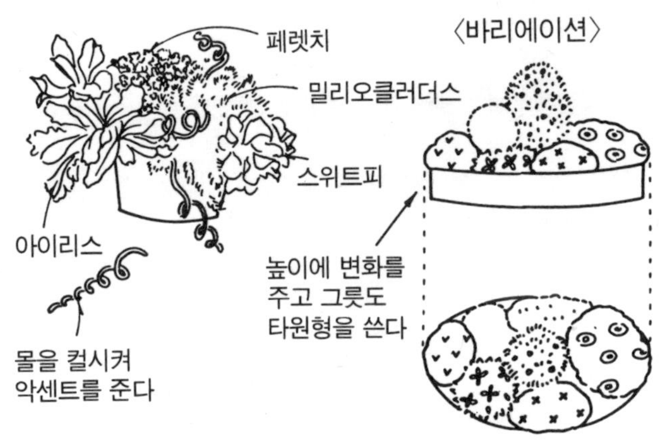

콘형

원추형으로 만든 형이다.

● **화재** : 철쭉꽃 1송이, 이키샤 5개, 소국 5송이, 밀리오글러더스 1/4개, 리본.

● **디자인의 포인트** : 오아시스를 원추형으로 잘라 사용한다.

　밀리오글러더스 잎을 3cm 정도로 잘라 오아시스의 형태대로 꽂는다. 그다음에 3cm로 자른 철쭉꽃 잎을 밀리오글러더스를 살짝 누르는 느낌으로 꽂는다.

　원추형의 꼭대기부터 나선형으로 내려오는 선을 추상화하여 중간 지점에 소국을 꽂고, 거기부터 형태를 정리하면서 선을 이은다. 이키샤는 소국을 따라 꽂는다.

　콘형에는 오아시스에 꽂는 디자인 외에 트라이앵글형과 같이 꽂는 식으로 원추형을 만드는 방법이 있다.

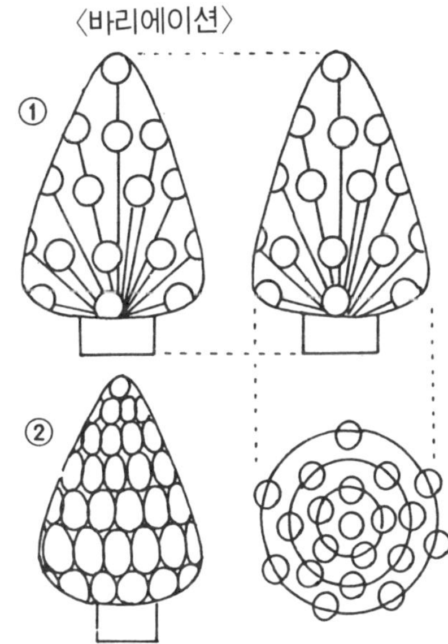

〈바리에이션〉
①
②

디자인 플라워의 테크닉

A
오아시스의 사용법

① 오아시스라는 것은 흡수성 스폰지이므로 배열의 토대로써 없어서는 안될 것이다. 1개의 크기는 약 8×12×24cm 의 직방체로, 보통은 1/3내지 1/2로 잘라 사용한다.

② 오아시스의 크기는 화반이나 배열 형태, 크기에 맞추어 결정하고, 칼로 잘라 물에 담근다. 오아시스는 그릇의 입구부터 3cm 정도 높게 한다.

③ 둥근 형태나 변한 형태는 흡수시킨 후 잘라 떨어뜨리듯이 자른다.

④ 큰 그릇이나 변하는 형태로 완성하는 경우는 자른 오아시스를 조합시켜 사용하고, 대꼬챙이나 20번 와이어의 핀으로 고정하든가 치킨 와이어 (금망) 를 씌운다.

⑤ 투명한 유리 그릇에서 유리 부분을 그대로 보이게 할 때는 22번 와이어를 +자로 하여 중심을 고정, 끝을 구부려 그릇의 테두리에 걸치듯이 만든다.

오아시스가 밑으로 떨어지지 않도록 스타이로폼이나 골지를 잘라 2장 겹쳐서 검은 테이프로 감고, 이것을 오아시스 밑에 깔면 좋다.

또는 식목용 플라스틱의 받침 접시로 그릇 입구에 맞는 것을 선택하여 오아시스를 놓고 테이프로 그릇 가장자리에 고정시켜 사용한다.

⑥ 작은입구가 그릇에 오아시스를 달고 싶을 때는 그릇 입구보다 약간 큰 점토와 스타이로폼과 오아시스를 겹쳐서 이것을 이중의 알루미늄 호일로 싸고, 밑부터 화목의 가지를 오아시스의 반까지 꽂는다. 그릇에 점토를 미는 듯한 기분으로 단단히 고정한다.

또는 오아시스가 그릇의 입구에 걸치는 형태로 잘라 사용한다.

⑦ 바구니와 같은 그릇에 오아시스를 넣을 때는 알루미늄 호일을 이중으

로 하여 가장자리를 3번 겹이 이것으로 오아시스 바닥을 싼다.

⑧리스형, 사각형, +자 형에 꽃을 짧게 꽂을 경우는 베이스에 끌시를 그 형태로 2매 잘라 겹치고, 전체를 검테이프로 감는다. 이 위에 오아시스를 놓고, 이중의 알루미늄 호일로 오아시스의 기부 2.5 cm까지를 싸고, 위부터 치킨 와이어를 씌워 끈(녹색으로 물들인 마끈)을 감아 고정한다.

치킨 와이어 대신에 자스민, 레저판과 같은 잎을 나란히 끈으로 감아도 좋다.

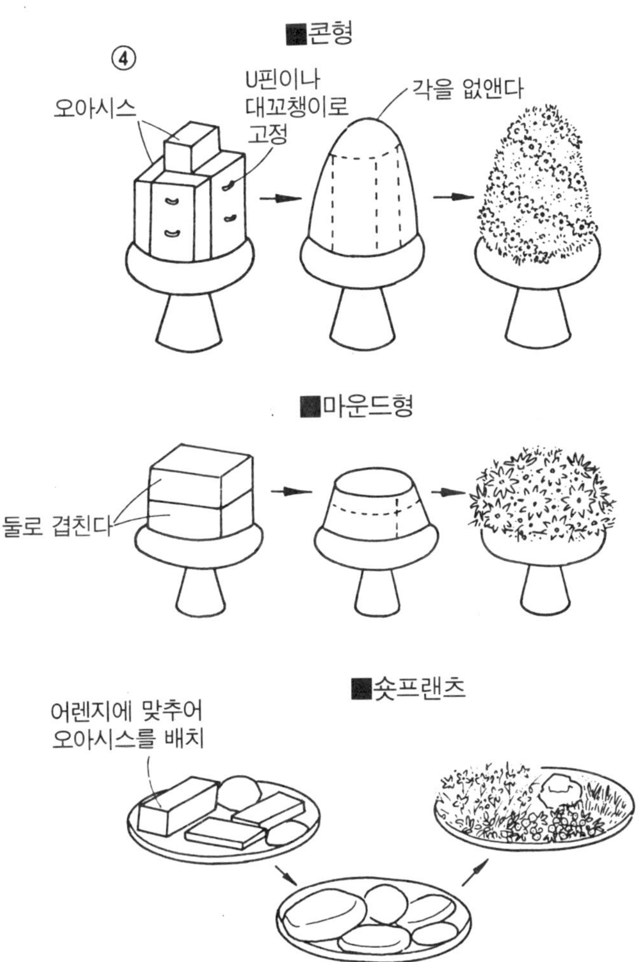

■토피아리

⑤
오아시스
받침 접시
검테이
프로
고정
스타이로폼이나
볼지를 깐다
유리그릇
⑥
오아시스
이중알루미늄 호일
스타이로폼
점토
봉
오아시스
알루미늄 호일

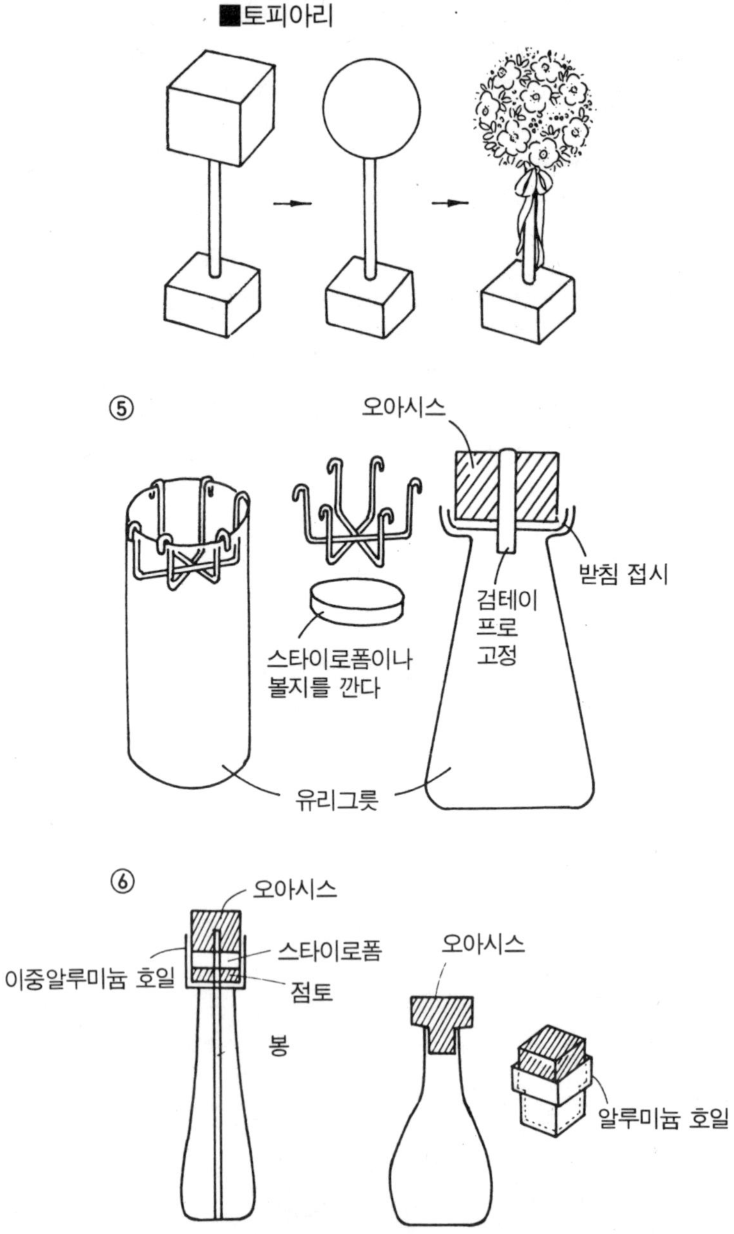

⑦
바구니 안에
오아시스를 넣는다
알루미늄
호일
오아시스
2.5 cm
끝을 만다
⑧
오아시스
검테이프로 전체를
감는다
볼지
치킨
와이어
끈
오아시스
볼지
알루미늄 호일

리본 워크

리본 보우

① 겉을 위로해서
주름을 잡는다
② 구부려
속을 낸다
③ 겉이 나오도록
루프를 만든다
④ 위로 들어 올리듯이
루프를 만든다

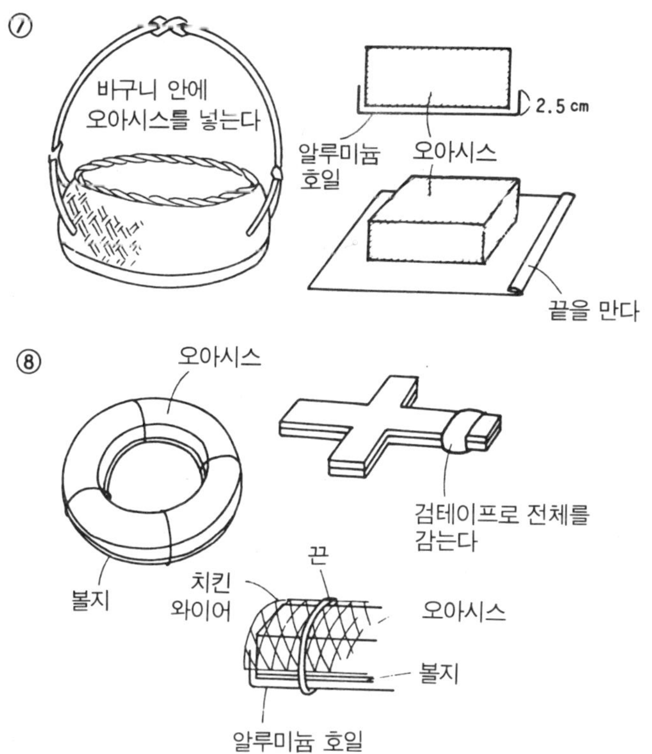

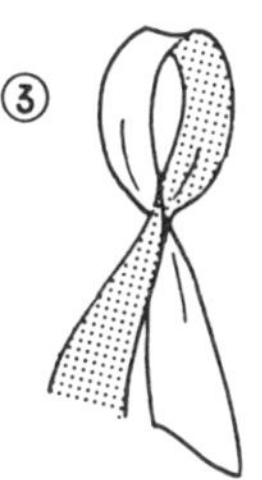

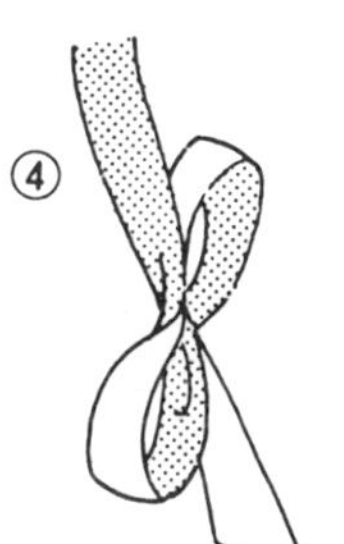

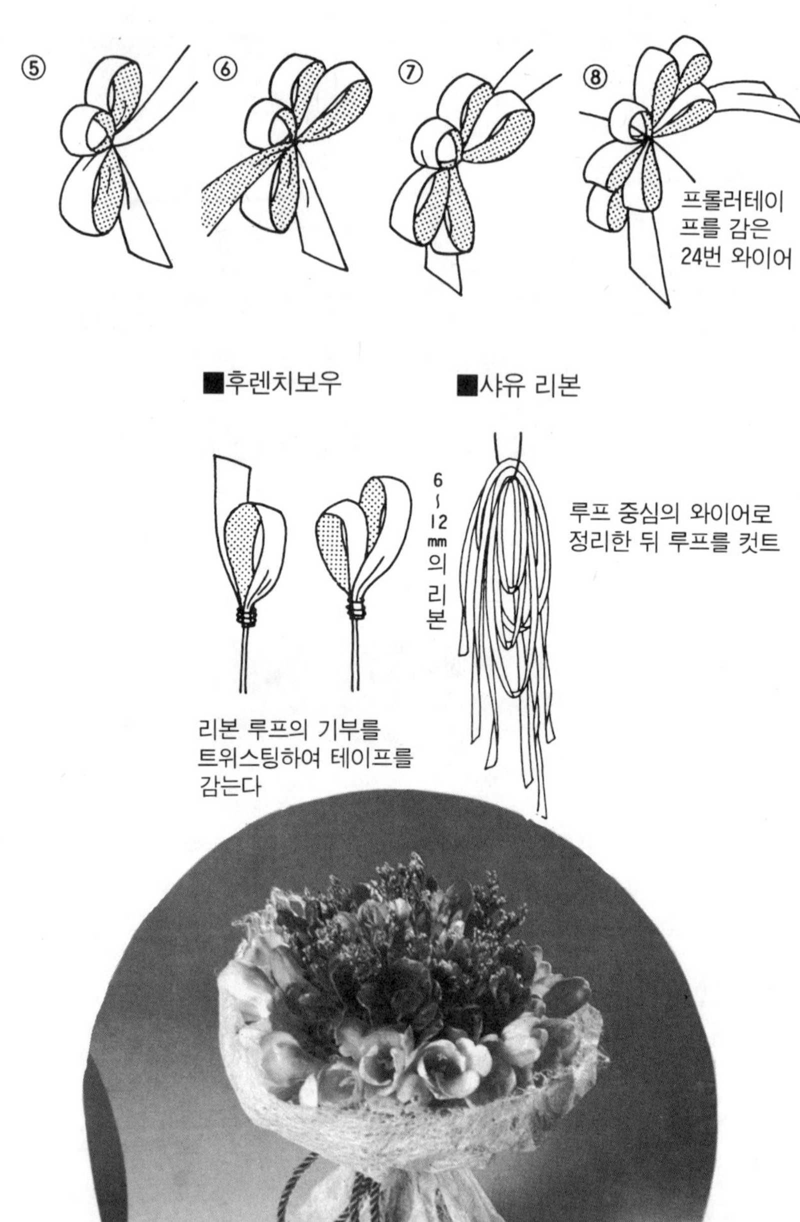

⑤
⑥
⑦
⑧
프롤러테이
프를 감은
24번 와이어
■후렌치보우
■샤유 리본
6
～
12
mm
의
리
본
루프 중심의 와이어로
정리한 뒤 루프를 컷트
리본 루프의 기부를
트위스팅하여 테이프를
감는다

B
화재를 잘라 나누는 법

　우선 썩은 꽃이나 잎을 제거한 다음, 하나하나의 꽃과 가지를 보면서 그 형태의 특징을 본다. 배열하는 형태가 결정되면 길게 뻗은 가지, 비스듬히 뻗은 가지, 옆으로 흐르는 가지 등에서 어떤 가지부터 선택할까, 오아시스를 덮는 짧은 잎은 어느 것을 사용하면 좋은가 등을 결정한다.

　화재를 얼마나 효과있게 사용하는가는 그 구분 방법에 있다. 절단면도 잘 정리해야 한다.

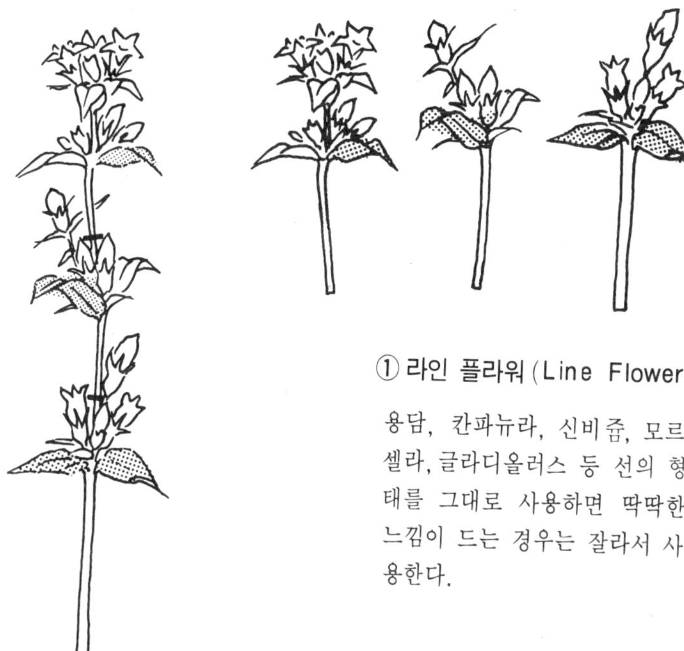

① 라인 플라워 (Line Flower)

용담, 칸파뉴라, 신비쥼, 모르셀라, 글라디올러스 등 선의 형태를 그대로 사용하면 딱딱한 느낌이 드는 경우는 잘라서 사용한다.

② 필러 플라워 (Filler Flower)

스타티스, 안개꽃, 페랫치, 회
향, 공작초, 두견, 마타리와 같
은 잘잘한 꽃도 가지를 치면
섬세한 배열로 완성할 수 있
고, 양이 적어도 효과있는 꽃
이 된다.

③ 스프레이 플라워 (Spray Flower)

카네이션,실차초, 라난규러스,
스프레이 국화, 에린쥼, 클라
리오사릴리, 터키 도라지와 같
이 가지 모양이 중간 꽃인 것
도 가지 치기를 하면 경쾌한
꽃의 모습으로 변신시킬 수
있다.

④ 선상 잎의 꽃

후리지아, 아이리스, 튜
울립, 노랑붓꽃, 범부채
와 같이 선(線)형의잎을
갖는 꽃은 잎도 잘 살
리고 싶기 때문에 가
지 치기를 한다.

⑤ 가지인 것

일본 올벚나무, 명자꽃,
등대꽃, 운용류, 정금나
무, 자스민, 천량, 복숭
아 등 가지만으로도,
5벌이나 라지에트와
같이 퍼짐이 있는 배열
의 경우는 꽃과 같이
취급하게 되는 것이 있
다. 특히 가지의 모습
이 아름다운 것은 잘
생각하여 가지 치기를
한다.

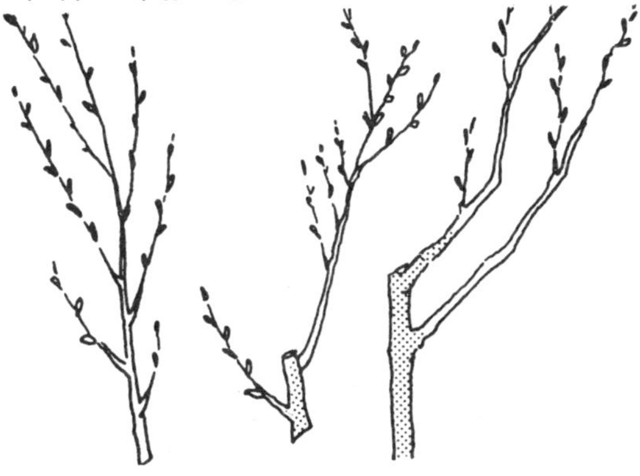

⑥ 잎 나무인 경우

레저판, 레몬잎, 아지언텀, 암난천 등의 잎
도 너무 작아 먼지와 같이 되지 않을 정도
로 잘 가지를 가르면 오아시스도 무리없이
덮을 수 있다. 특히 잎의 방향이 일정하지
않은 잎일 경우는 잎이 전부 밖으로 보이는
잎의 구조 부분을 선택하여 잘라준다.

와이어링 하는 방법

와이어는 코사지나 부케를 모을 때 꽃을 자유롭게 구부리기 위하여 사용하는 것이다. 와이어링은 꽃의 특징에 맞추어 다음과 같은 방법(메소드)을 이용하지만 디자인에 따라 꽃을 나누는 법이 다르면 그 방법도 달라진다. 꽃이 망가지거나, 와이어가 빠진다거나, 두드러진다거나 하지 않으려면· 다른 방법도 좋다. 꽃의 무게, 줄기의 강약에 따른 와이어의 선택도 중요한 포인트의 하나이다.

① 피어스 메소드(Pierce Method)

와이어를 꽃의 씨방이나 줄기 옆에 꽂아 구부리는 방법이다. +문자로 찌르는 방법을 크로스 메소드(Cross Method)라고 한다.

② 훅 메소드(Hook Method)

와이어 끝을 갈고리형으로 구부려 꽃의 중심으로 통하게 하는 방법이다.

③ 트위스팅 메소드 (Twisting Method)

흐트러진 것을 와이어로 묶어 정리하는 방법인데, 줄기가 부러지기 쉬운 것은 티슈 페이퍼를 감고, 그 위를 와이어로 건다.

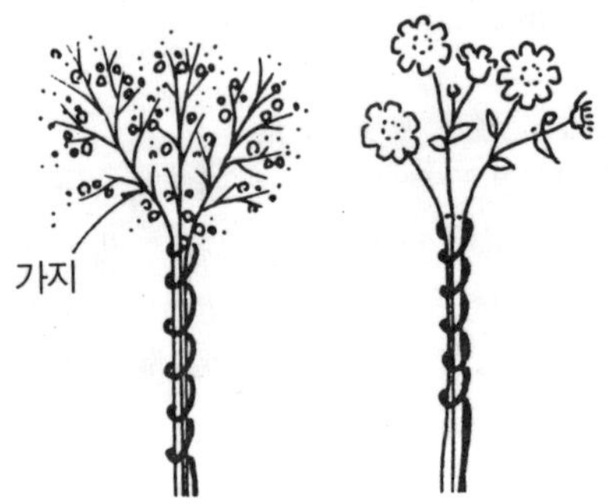

④ 써큐링 메소드 (Securing Method)

와이어를 반으로 잘라 끝의 꽃머리에 걸고, 1개의 와이어를 줄기에 첨가시켜 다시 한쪽으로 감는 방법이다.

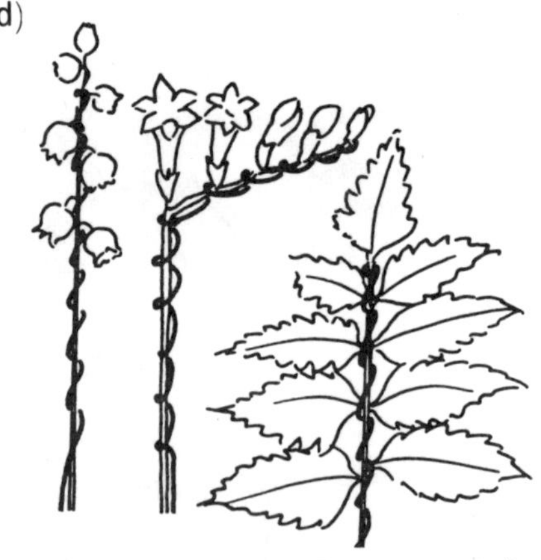

⑤ 소윙 메소드 (Sewing Method)

와이어로 잎이나 꽃잎을 꿰매는 방법이다(좌우 와이어가 흔들거리지 않도록 중앙에 1개의 와이어를 통과시킨다).

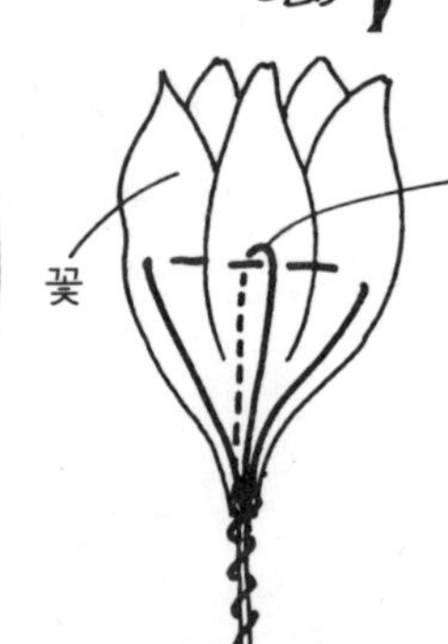

⑥ 헤어핀 메소드 (Hair‑pin Method)

와이어의 끝을 헤어핀형으로 구부려 커틀레어의 세펄에 걸거나, 겹쳐진
장미의 꽃잎에 꽂아 사용한다.

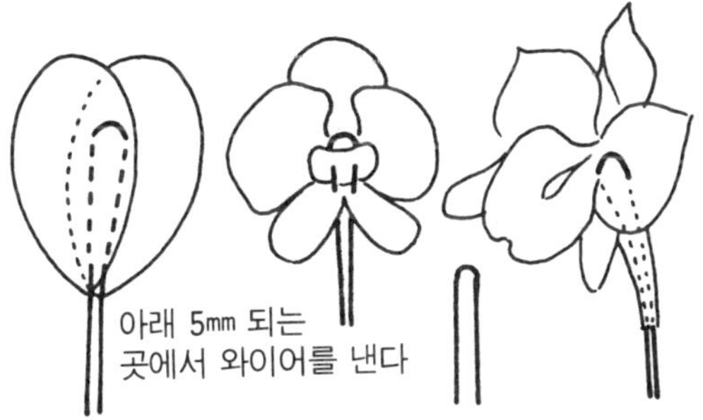

⑦ 인설션 메소드 (Insertion Method)

줄기가 연약한 꽃, 소국,
마아가렛과 같은 꽃일 경
우, 와이어를 줄기나 꽃받
침에 밑에서 뚫어 넣는 방
법이다.

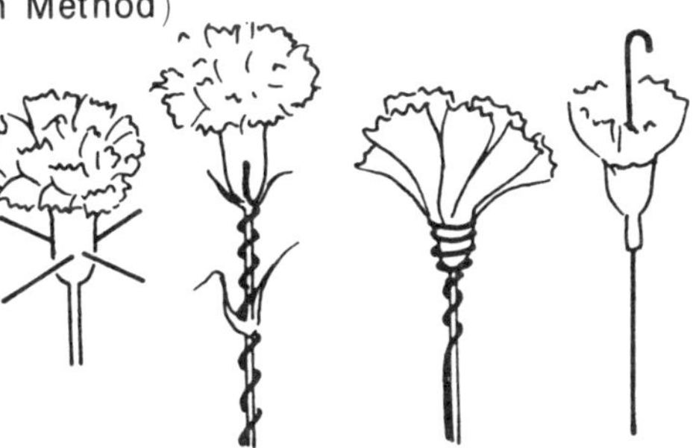

⑧ 디자인에 따라서는 와이어링의 방법을 변형시킬 수 있다

예를 들면 카네이션도 훅, 피어스, 세큐어
링, 트위스팅 메소드 (꽃받침은 빼고) 의
방법을 사용할 수 있다.

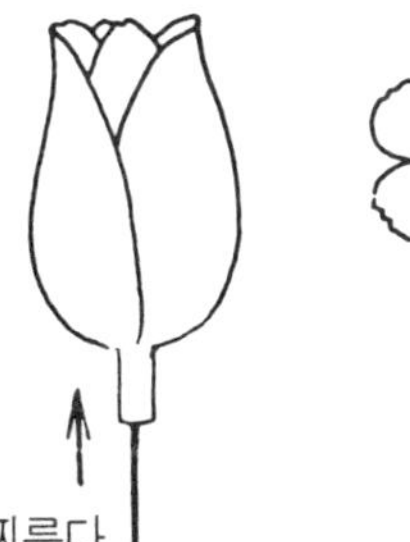

D
페서링과 개서링

① 페서링 (Feathering)

A 카네이션이나 작약의 꽃받침을 잘라 꽃잎 5~10매의 꽃잎 두부를 정리하여 퍼지지 않도록 아랫부분을 쥐고 티슈 페이퍼를 감는다. 그 위부터 와이어로 트위스팅 메소드를 하여 정리한다.

B 국화, 다알리아, 거베라의 꽃잎 5~7매정도를 떼내어 카네이션과 같은 모양으로 모은다. 최근에는 작은 카네이션 등 작은 꽃이 많이 있기 때문에 페서링할 필요는 없게 되었으나 국화의 꽃잎 등을 거꾸로 사용하여 페세링한 꽃 등은 코사지 등에 사용하면 재미있다.

② 개서링 (Gathering)

C 장미의 꽃잎, 유칼리의 잎 등을 2개씩 엇갈려 겹쳐 헤어핀 메소드한 것을 10~25조 정도 만들고, 커다란 꽃처럼 모은다. 이것은 빅토리언

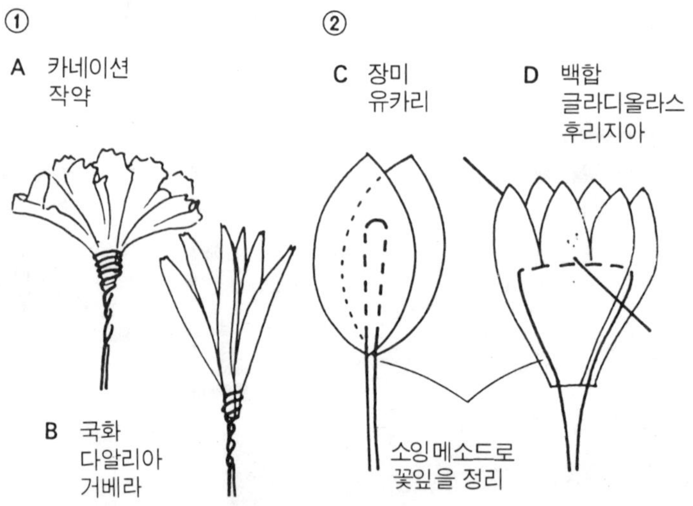

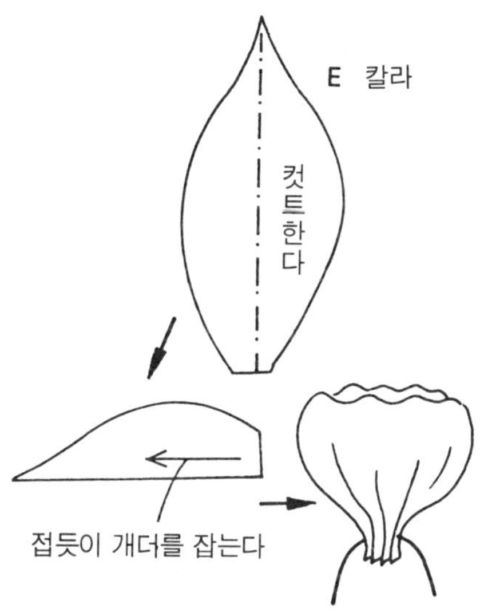

로즈, 유칼리 로즈라고 부르며, 부케나 선물용 플라워에 사용되고 있다.
D 나리, 글라디올러스, 용담, 후리지아 등의 꽃통을 넓혀 꽃잎을 2매 정도 겹쳐서 소잉 메소드를 하고, 그것을 동백나무 꽃과 같이 모은다. 이 꽃은 글라메리아, 릴리메리아, 오픈 용담, 오픈 후리지아라고 불리며, 부케 등에 사용된다.
E 칼라의 꽃잎은 원포인트 부케 등에 사용된다.

가란도를 만드는 법

　가란도는 꽃을 이어서 원으로 한 것이라는 의미로, 지금은 꽃을 이은 것을 말하고 있다.
　주로 캐스케드 부케의 흐르는 부분이나 리스를 만드는데 사용하는데, 아트 플라워를 이어서 만드는 가란도는 벨트로 하거나, 그림이나 사진의 주위를 장식하는 등 다양한 사용 범위를 갖고 있다.
① 가장 기본적인 가란도 만드는 법이다. 작은 꽃에서부터 점점 꽃의 간격을 두고, 가란도의 폭도 크게 모아간다.

주가 되는 꽃이 일직선으로 되는 것은 우스워지기 때문에 상하로 요철을 준다거나, 좌우에 지그재그의 변화를 주어 다시 작은 꽃이나 작은 잎사귀를 꽃 주위에 배열하여 꽃의 우아함을 표현한다.

② 소국, 소독 등의 같은 꽃을 잇거나, 히아신스를 겹쳐서 잇거나 하는 가란도로서 샤워 부케나 판 부케의 루프 등에 사용하는 조형적인 가란도이다. 코르빌, 튜베 로즈, 국화의 페서링, 덴도로븀, 마도카리아, 용담 등을 사용할 수 있다.

③ 담쟁이덩쿨, 자스민, 철쭉꽃, 스프레이 카네이션, 회향, 페랫치 등의 줄기를 살려서 사용하는 자연스러운 가란도는 부케만이 아니라, 테이블 데코레이션으로도 이제부터 가장 대접받을 수 있는 디자인의 하나이다.

꽃의 개성을 살려 악센트를 주면서 만드는데, 잇는 굵은 줄기가 보이지 않고, 조잡하게 되지 않도록 하는 것이 포인트이다.

④ 하나 하나 완성해 가는 아트 플라워의 가지나 꽃의 줄기를 덩쿨형으로 만들고, 각기의 작은 가지를 휘감기게 하여 가란도를 만든다.

굵은 줄기의 처리; 이음새 등이 부자연스럽게 되지 않도록 한다.

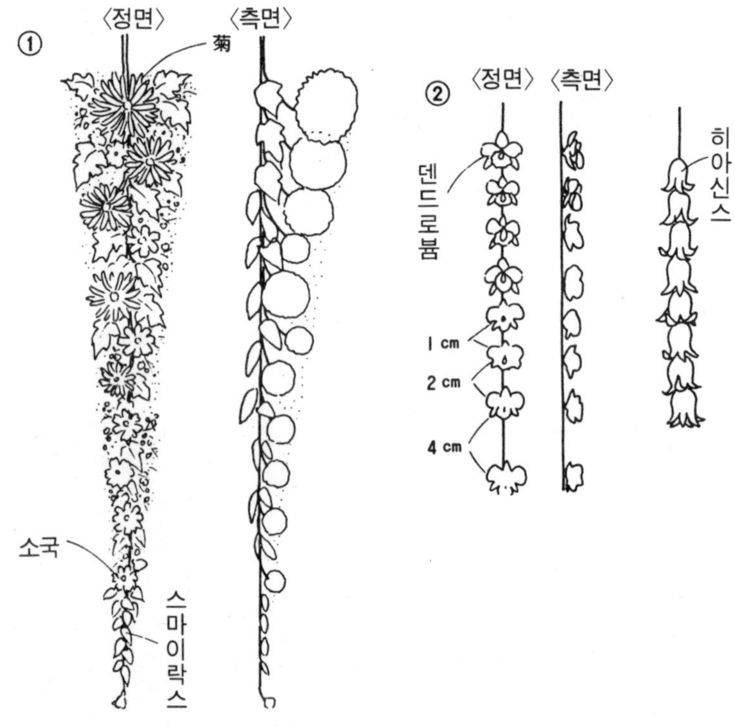

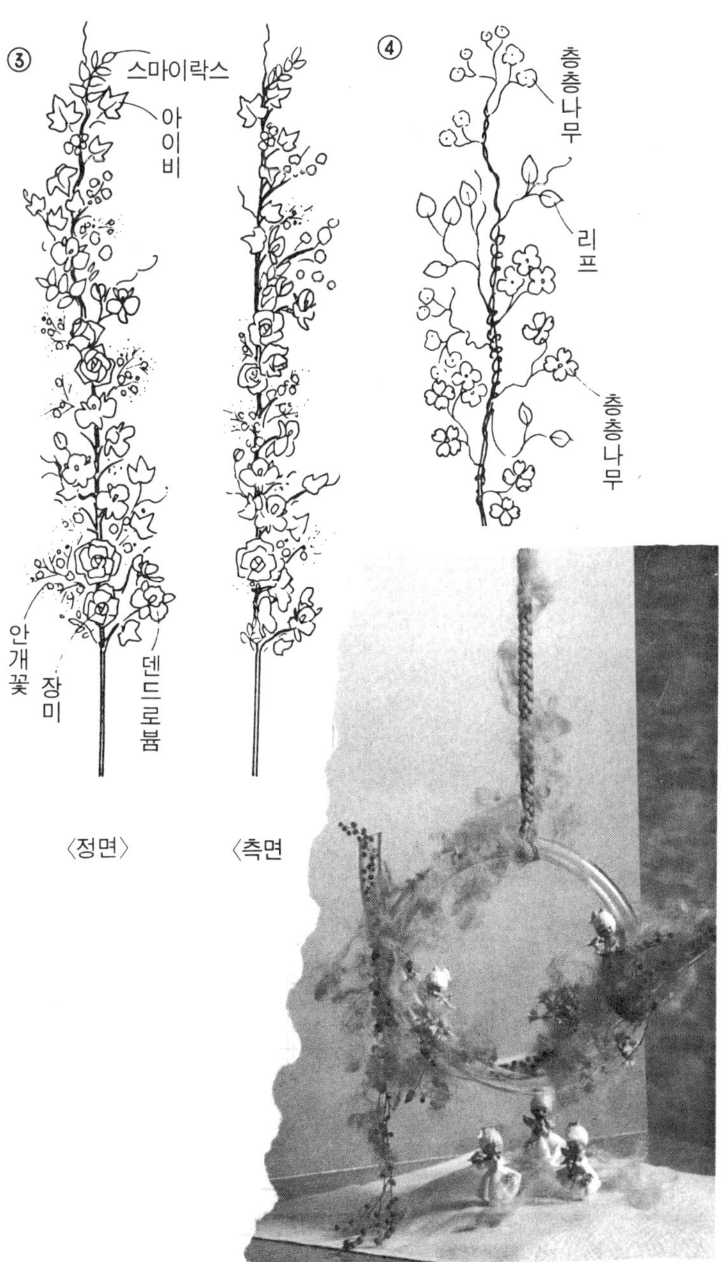
③
스마이락스
아이비
안개꽃
장미
덴드로븀
〈정면〉
〈측면〉
④
층층나무
리프
층층나무

디자인 플라워의 지식

표현 양식

① 베이직 디자인 (기본 디자인)

색채와 화재의 조화만으로 만들어내는 기본적인 작품이다.

② 내츄럴 디자인

꽃의 자연스러운 모습을 살리거나, 자연 경관을 만들어내는 작품이다.

③ 팬시 디자인

인간이나 동물의 움직임, 자연 경관이나 현상 (이슬, 구름의 흐름 등)의 이미지를 묘사하여 만들어내는 작품이다.

④ 업스토라크토 디자인

꽃이 갖는 조형적인 재미를 그대로 나타낸다거나, 화재나 그 외의 소재를 조형적으로 만들어 내는 작품이다.

색이 생명

생화가 조형미를 나타내는데 비하여 디자인 플라워는 색채의 미가 표현 중심이 된다고 말하고 있지만, 나도 역시 그렇게 생각한다. 사람의 감각에 호소하는 최초의 것은 색채인 것 같다.

　색채의 센스를 향상시키는 하나의 방법은 자신이 '이것은 아름답다' 고 감동한 사진이나 그림을 계속 바라보며 두뇌에 기억하게 하는 것이다.

① 아름다운 색을 조합시킨 환타지

● 엘리건트 (우아함)
 · 핑크, 퍼플, 와인색
 · 핑크의 농담, 엷은 녹색
 · 백색, 크림색, 오렌지색, 베이지 (엷고 밝은 갈색)
 · 핑크, 보라색, 베이지
 · 핑크, 적갈색, 갈색, 녹색

● 시크함 (세련됨)
 · 엷은 보라, 핑크, 베이지
 · 적색, 적자색, 황토색, 백색
 · 자색, 적색, 베이지, 갈색
 · 적색, 백색, 갈색, 눌은 갈색
 · 적색, 흑색, 베이지, 갈색
 · 베이지, 갈색, 그레이

● 즐거움
 · 백색, 크림색, 황색, 오렌지색
 · 황색, 오렌지색
 · 크림색, 황등색
 · 황등색, 핑크, 백색
 · 백색, 적색, 황색

● 귀여움
 · 핑크, 적색
 · 백색, 핑크, 크림색
 · 적자색, 백색, 황색
 · 핑크, 크림색
 · 백색, 핑크, 황색, 적색

● 지적임
  · 백색, 크림색
  · 백색, 녹색의 농담
  · 블루, 자색, 백색

● 우아함
  · 백색, 핑크, 엷은 자색
  · 백색, 엷은 자색, 크림색

● 호화로움
  · 적색, 핑크, 황색, 적자색
  · 오렌지색, 황등색, 적색
  · 적색, 등색, 녹색
  · 와인색, 황색, 자색, 녹색
  · 황색, 적색, 황록색

● 화려함
  · 적색, 핑크, 금색
  · 백색, 적등색
  · 와인색, 핑크, 자색, 녹색
  · 와인색, 핑크, 백색
  · 황색, 자색

② 색의 방정식

두가지 색을 섞으면 다음과 같은 색이 된다. 여러가지로 시험해 보시요.

  · 적＋황색＝등색
  · 적＋등색＝진홍색
  · 적＋적자색＝와인색
  · 적＋황록색＝잿빛 섞인 적갈색
  · 적＋청자색＝잿빛 섞인 자갈색
  · 적＋청색＝자색
  · 적＋녹색＝재색

적색＋청록색＝짙은 재색

③ 색이 보이는 법

색은 항상 주위의 색과 동시에 본다. 그때 서로 색의 영향을 받아 원래 색깔과 달리 보일 수가 있다.

·백과 청, 사색과 백색, 핑크나 연지빛과 같이 명도의 정도가 너무 차이가 나면 차갑고 쓸쓸한 느낌으로 보인다.

· 적색과 등색과 황색, 등색과 적색과 적자색, 적색과 적자색, 자색 등의 조합은 너무 화려하고 선명하게 보인다. ㉠(컬러 서클)은 연합된 3가지 색의 조합이다.

· 적색과 청록색, 등색과 청색의 반대의 두 가지 색의 조합은 선명하고 강렬한 인상을 준다.

· 꽃색으로 바람직한 조합 (그림 ㉡ 참조)

A＋I＋K, B＋E＋J, E＋H＋I, F＋I＋J, E＋G＋I, A＋E＋I, B＋E＋I

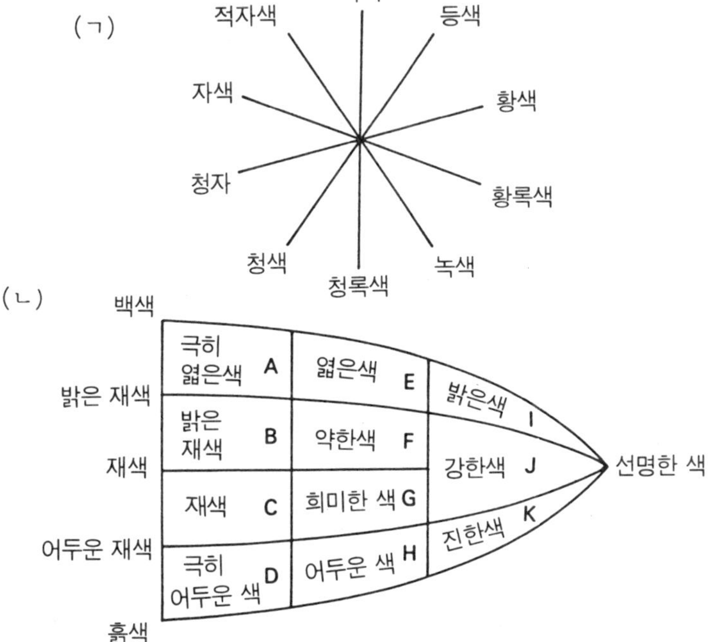

C
색의 관찰

아트 플라워를 만들 때 알지 못하는 꽃이라도 그 특징을 알고 있으면 편리하다. 꼭 참고하여 둔다.

① **꽃의 형태**

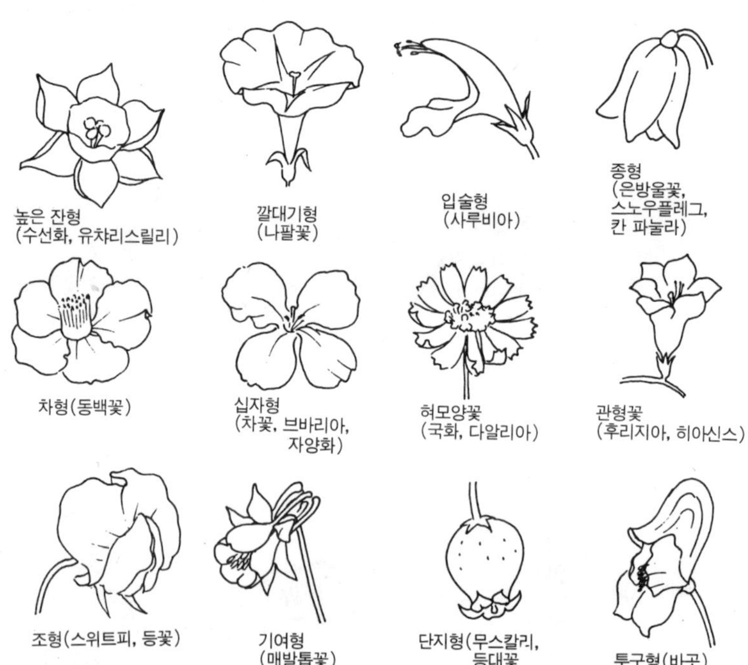

② 꽃 다는 법 (꽃이 피는 순서 ●→·)

③ 잎

④ 잎 만드는 법

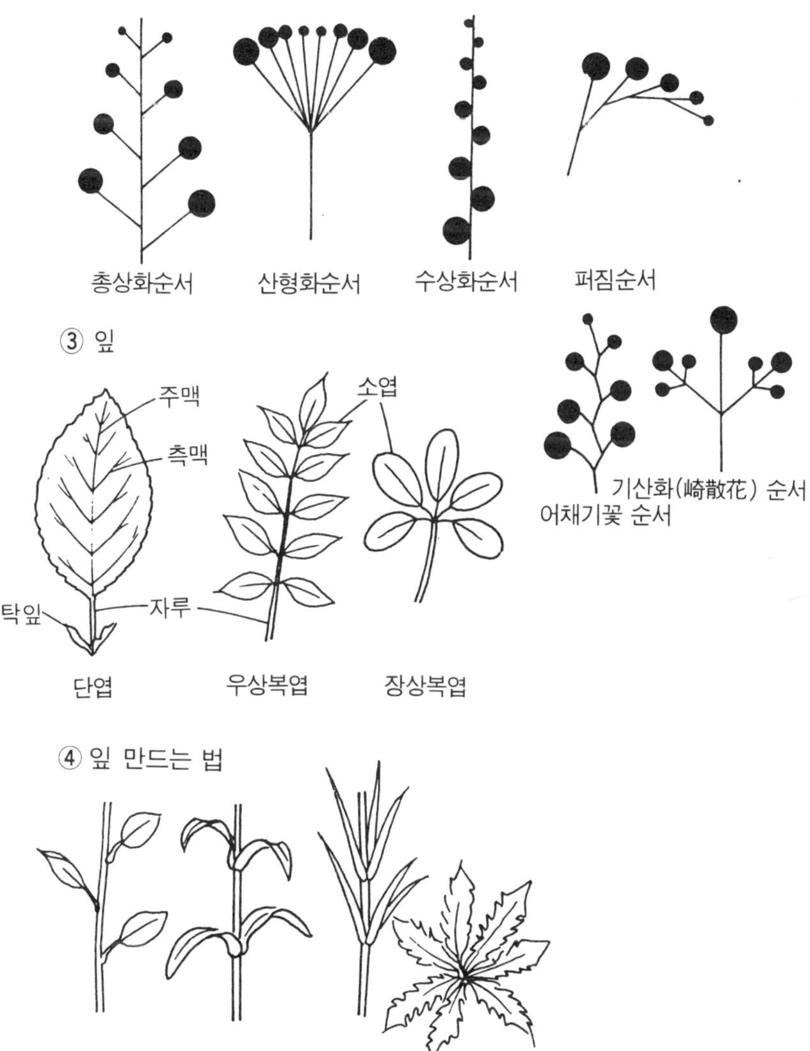

디자인 플라워의 분야

디자인 플라워의 분야에는 어떤 것이 있는지 개략적으로 서술하면 다음과 같이 나눌 수 있다.

① 패션꽃
 · 코사지, 헤어오너멘트, 부케

② 웨딩꽃
 · 헤어오너멘트, 부케, 코사지

③ 세리머니꽃 (의식용)
 · 결혼식때 교회를 장식하는 꽃
 · 장례식꽃

④ 인테리어꽃
⑤ 선물꽃
⑥ 디스플레이꽃 (점두)
⑦ 테이블꽃
 · 일상 가정 테이블꽃, 파티시 가정 테이블꽃, 리셉션 회장의 테이블꽃

⑧ 스페이스 꽃
 · 강연회, 쇼 등의 무대꽃

⑨ 이벤트, 축제꽃
 · 로즈볼, 꽃 자동차 등 이가운데에서 휴네럴 데코레이션, 결혼식 때 교회의 디자인 장식

■ 휴네럴 데코레이션의 꽃
리스 (화환), 크로스 (＋자형), 프레임 (사진 액자), 엔브렘 (문장), 피로 (화심), 스프레이, 캐스케드, 커버 (관을 장식하는 꽃), 캐스케드 블랑켓 (관용 모포), 가란도 (꽃이음), 하트 (하트형의 심화 (枕花)).

■ 교회, 연회장을 잔식하는 꽃
아이루플라워 (버진 로드를 따라. 의자를 장식하는 꽃), 아치 (교회 입구, 버진로드, 리셉션 회장 입구를 장식함), 토피아리 트리 (교회의 입구를

장시하는 구형의 꽃), 볼(교회 제단의 기둥에 가란도를 감거나 하는 장식), 캔들 스탠드(1.5 m 정도의 높이 캔데라브라에 꽃을 상식한나), 웨딩 캔들 (결혼 기념일 촛불에 꽃을 장식한다), 케잌 테이블, 브라이델 테이블.

■ 기프트 플라워

출산 축하, 결혼 기념일, 생일, 신축 축하, 개점, 전시회, 축하회, 반례, 방문.

■ 디스플레이와 스페이스 플라워

점두 디스플레이, 축하 회장, 식전, 전시회, 쇼.

코사지

① 코사지의 기본형

코사지를 디자인 하는데 가장 자주 사용되는 테크닉과 구성을 기초로 기초로한 기본형이다.

■원포인트형

■가란도형

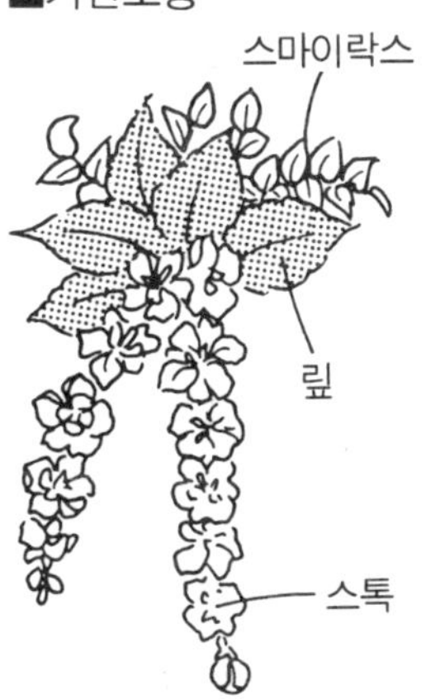

■매스 · 라운드형

■원포인트형 + 가란도형

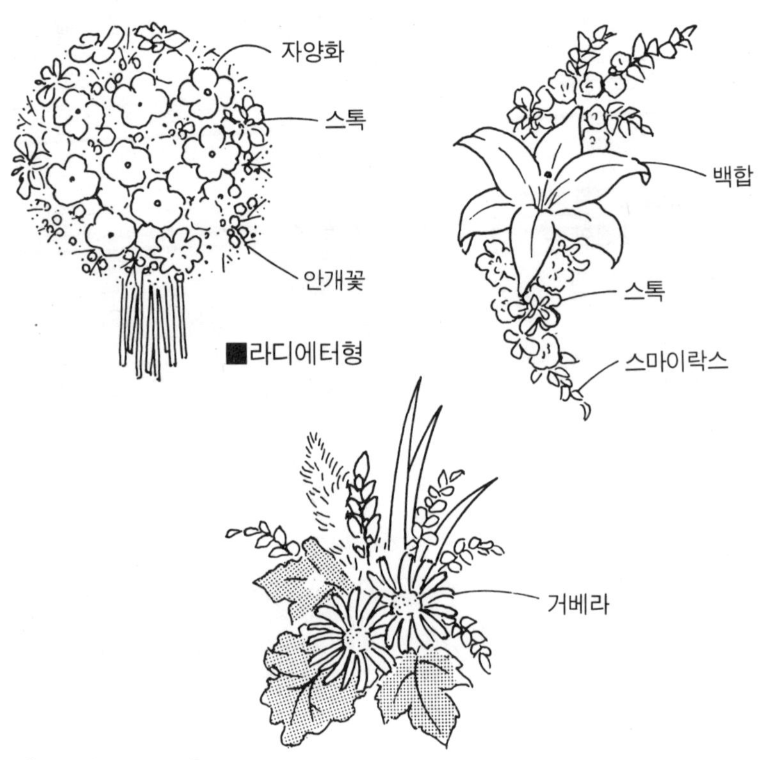

② 구성에 특징이 있는 코사지

■투포인트형

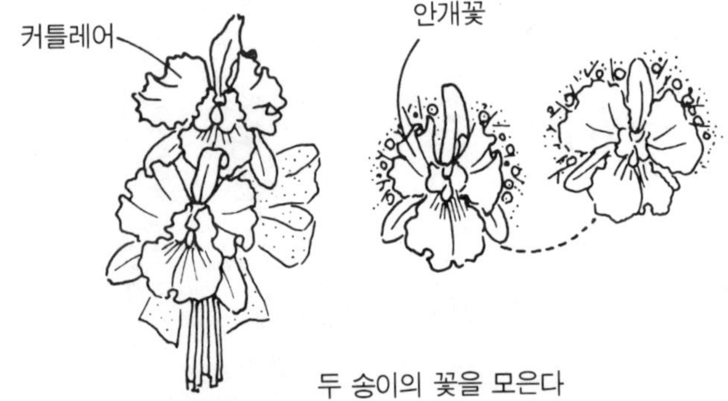

두 송이의 꽃을 모은다

■쓰리 포인트형

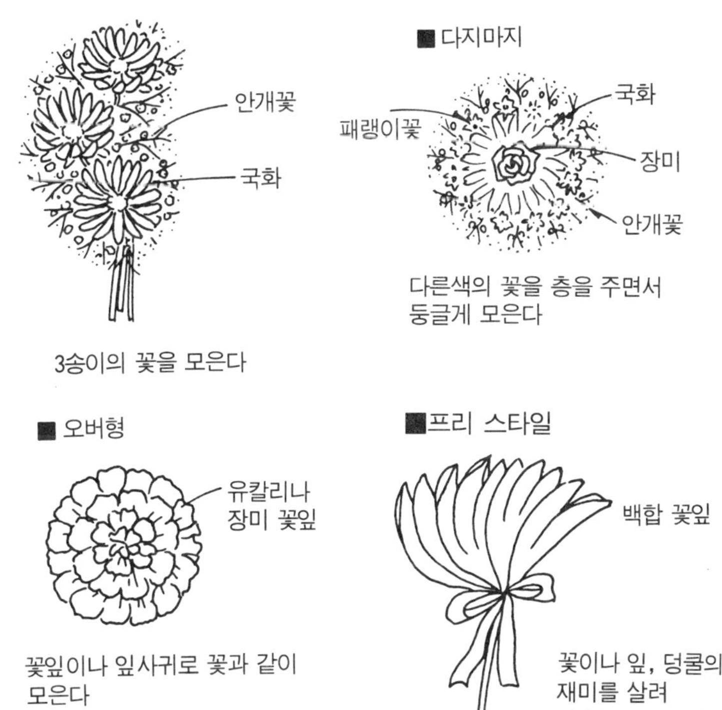

③ 용도별 코사지

· **숄더** (어깨에서 등으로 크게 흐른다)
· **웨스트** (허리, 샷슈 벨트에 단다)
· **에포레트** (어깨 위부터 소매에 걸쳐 장식한다)
· **브레스레트** (손목에 장식한다)
· **쵸커** (목에 장식한다)
· **앵클레트** (발목에 장식한다)
· **휭거** (가운데손가락에 걸어 장식한다)
· **암** (팔에 장식한다)

④ 코사지 디자인상의 포인트

달 때의 TPO를 우선 생각한다.

다음에 다는 사람의 개성, 드레스는 확실하게 어떤 분위기(귀엽게 보이기를 원하는가, 심플하게 다는가 등)가 좋은가를 생각하여 꽃을 선택, 재질(천, 생화 등), 색채, 형태를 결정하다.

네클레스, 블로우치와 여러가지 액세서리 가운데에서도 코사지는 가장 여성스러움을 연출하는 소도구이다. 그러므로 코사지는 드레스에 달때,그 그다지 눈에 띄지 않고, 우아하고 부드러움을 느끼게 하는 심플한 디자인이 좋다고 생각한다.

또 선물할 때에도 간단하고 손쉽게 선물할 수 있는 것이 좋다.

단 줄 때 다는 법 등을 충고해 준다.

게다가 코사지는 가슴에 다는 것 뿐만 아니라 여러가지 장식 방법이 있다.

장난스런 기분으로 발목이나 손목에 달아본다.

⑤ 코사지의 색채와 형태

드레스 색과 어울리는 색을 선택하면 제일 사용하기 쉽다. 다음에는 엷은 색이나 차분하고 고상함이 있는 색을 선택한다. 선명한 색, 특히 새빨간색이나 선명한 핑크는 유치하게 보일 수 있다.

검은색 퍼말 드레스에는 한색의 농담(브라운, 베이주, 크림색의 조합 등)이 엘레간트하다.

생화의 경우는 작은 꽃이 많은 것이 부드러움을 느끼게 해 준다.

형태로서는 너무 심플하고 딱딱한 느낌의 것은 어렵다. 어느 정도 코사지의 기본을 마스타하면 꽃의 자연스러움을 살린 자유로운 형, 곡선이 있는 코로니얼형이나 크레센토형 등으로 하면 달기 쉽다.

⑥ 코사지의 화재 선택법과 조합법

■생화

심플하게 꽃 한 송이를 살려서 꽃의 자연감과 색채의 미묘함(잎 안쪽 색 등)을 살리는 것이 코사지 디자인의 최적의 방법이다.

· 아루스토로메리아+마도칼리아
· 회향+온시즙

- 치자나무＋치자나무잎
- 글라디올러스＋공작초
- 글라리오사릴리＋아지언텀
- 신비쥼＋스마이락스
- 스프레이 카네이션＋쟈그린
- 덴도로비움＋카네이션
- 넬리네＋스톡
- 장미＋자양화
- 히아신스＋터키 도라지
- 후리지아＋라일락
- 오토도기스＋덴파레
- 무스칼리＋라쿠스파
- 모르젤라＋자스민
- 라난큐러스＋안개꽃
- 용담＋알타이거

■아트플라워

- 포피＋잎
- 아네모네＋잎
- 작약＋잎
- 장미＋잎
- 거베라＋잎
- 스카시나리＋잎
- 가데니아＋잎

그 외 자양화, 안개꽃, 소국, 온시쥼, 스톡, 구홍수선, 제비꽃, 팬지, 은방울꽃, 브바리아, 모루셀라, 용담, 넬리네, 라일락, 로단세, 심정화, 제라늄, 당명자나무, 브겐비리아, 센토폴리아의 작은 꽃 일색을 매스 형태로 모아 **사축을** 흐르게 하든가 잎을 곁들이는 것이 기본이다.

⑦ 코사지의 실제

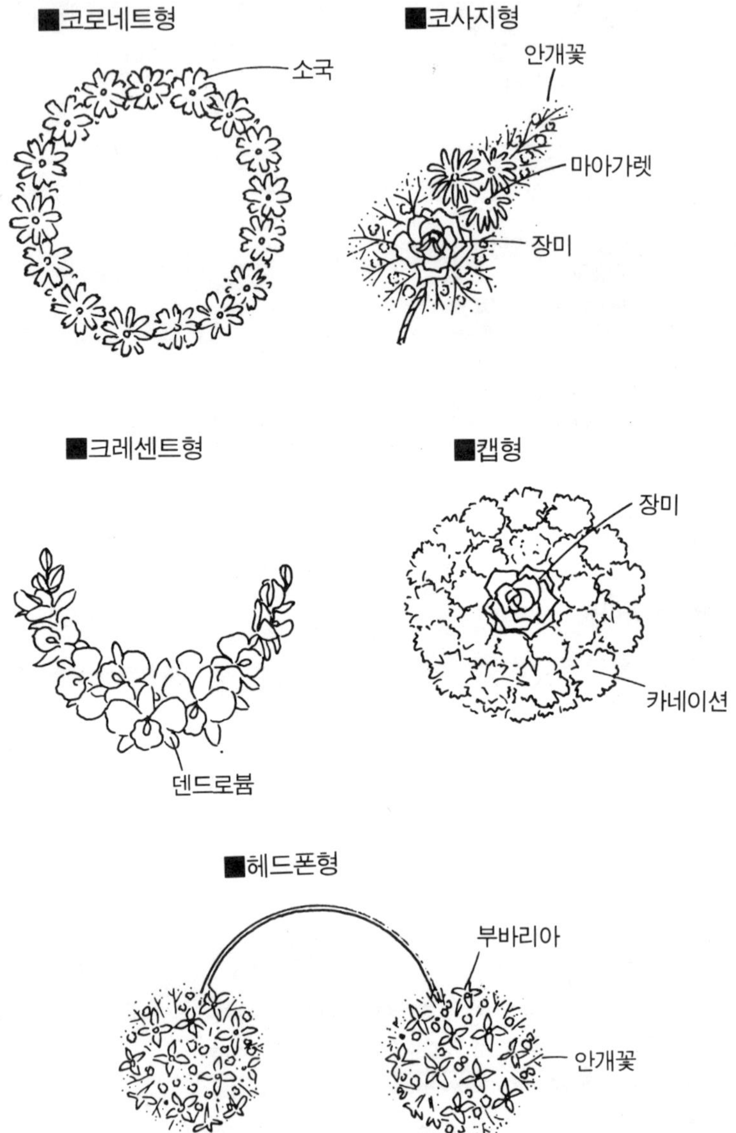

■코로네트형
소국
■코사지형
안개꽃
마아가렛
장미
■크레센트형
덴드로붐
■캡형
장미
카네이션
■헤드폰형
부바리아
안개꽃

⑧ 장식 방법에 따른 헤어 오너멘트

■ 시뇽 (머리 형태에 따라 꽃의 가란도를 장식한다)

■ 비녀 (한 송이의 동백꽃, 방형의 등꽃, 소나무 잎을 비녀와 같이 꽂는다)

■ 산화 (꽃은 흩뿌리듯이 작은 꽃을 한 송이씩 머리에 꽂는다)

⑨ 헤어 오너멘트 디자인의 포인트

신부의 머리 장식은 아이 때 셋으로 엮은 크로버의 장식과 같이 청조하고 로맨틱한 분위기를 풍기는 디자인으로 하고 싶은 것이다.

브라이덜개스트나 파티의 장식 때 생화의 머리 장식은 대단히 멋진 느낌이 든다.

기발한 패션을 하지 않는 한 머리를 완전히 모아 꽃이 얼굴에 걸리지 않는 디자인이 깨끗하다.

⑩ 헤어 오너멘트의 장식법과 색채와 형

시뇽풍의 머리에 작은 크레센토형을 장식하든가, 머리를 뒤로 끌어 붙여 귀를 내놓고 그 귀 뒤쪽에 콜로니얼형을 다는 것이 오소독스한 장식법이라고 말할 수 있다.

또는 머리에 리본을 매듯이 약간 소박한 색의 리본에 작은 꽃을 달아 장식하는 것도 달기 쉬운 디자인이다.

같은색의 네트를 조금 더하는 것도 우아한 느낌이 된다.

콘텐포라리(현대풍)의 한복에는 홍엽가지 등 자연 그대로의 장식도 순수한 느낌으로 좋고, 양복인 경우에는 기본적인 형을 이용하는 편이 깨끗하게 보인다.

색채의 선택 방법은, 너무 컬러풀하지 않은 드레스 색에 가까운 색을 선택하는 것이 가장 좋다.

꽃의 선택은 코사지에 준하면 좋다.

⑪ 코사지나 리스, 가란도의 사용법과 응용

생화인 코사지는 다 사용했으면 물을 뿌려 유리로 된 작은 접시에 놓고 테이블 꽃으로 응용해도 좋다.

아트플라워인 코사지는 덩쿨 가지에 붙여 벽에 장식한다. 또는 문장식으로서도 적당하고 포치나 쇼핑백에 달아도 좋다.

생화인 리스는 드라이 플라워로 만들어 장식물과 함께 장식하거나, 우편함의 액세서리로도 좋다.

아트 플라워의 리스는 인형 머리에 얹거나 모자에 달아 벽장식으로 해보자.

생화 가란도는 레이 (머리에 꽂는) 로써 사용할 수 있고 벨트 대신으로 사용해도 재미있다

아트 플라워 가란도는 천정 (샨데리아 위에 압핀으로 고정한다) 이나 벽모서리의 상처난 벽면 등에 장식할 수 있다.

E
부케

① 부케의 기본형

부케라는 것은 꽃을 다발진다는 의미로 기본형에는 다음과 같은 것이 있다.

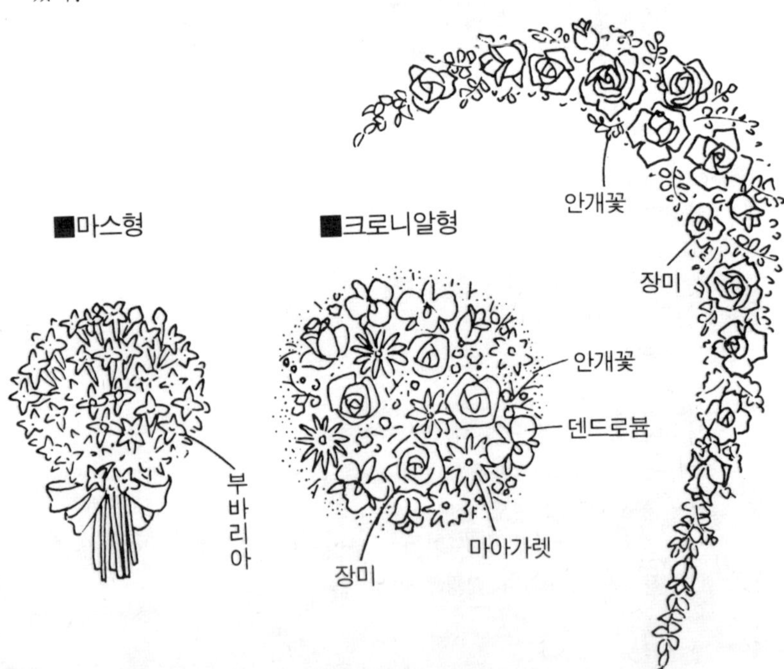

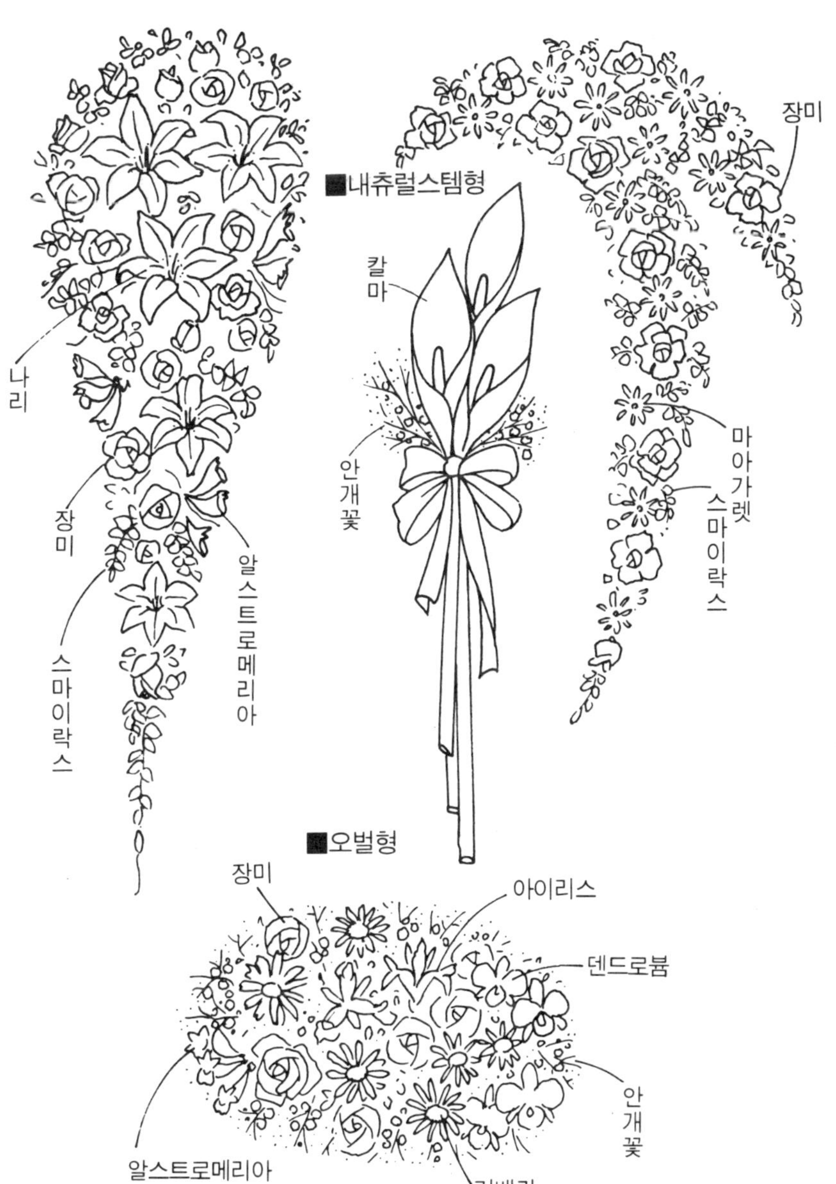

■캐스테드형
■스라라인형
■내츄럴스템형
■오벌형
나리
장미
스마이락스
알스트로메리아
칼마
안개꽃
장미
마아가렛
스마이락스
장미
아이리스
덴드로븀
안개꽃
알스트로메리아
거베라

② 구성에 특징이 있는부케

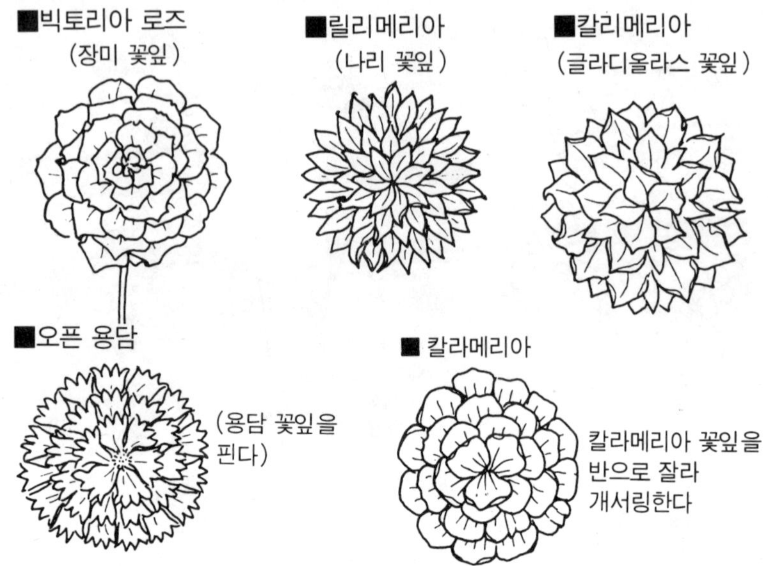

③ 용도상 또는 어떤것의 이미지를 형상 짓는 부케

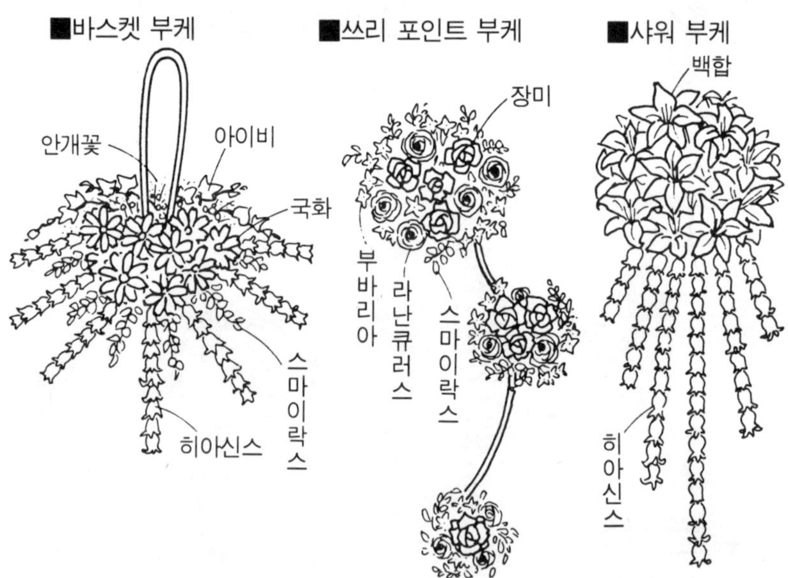

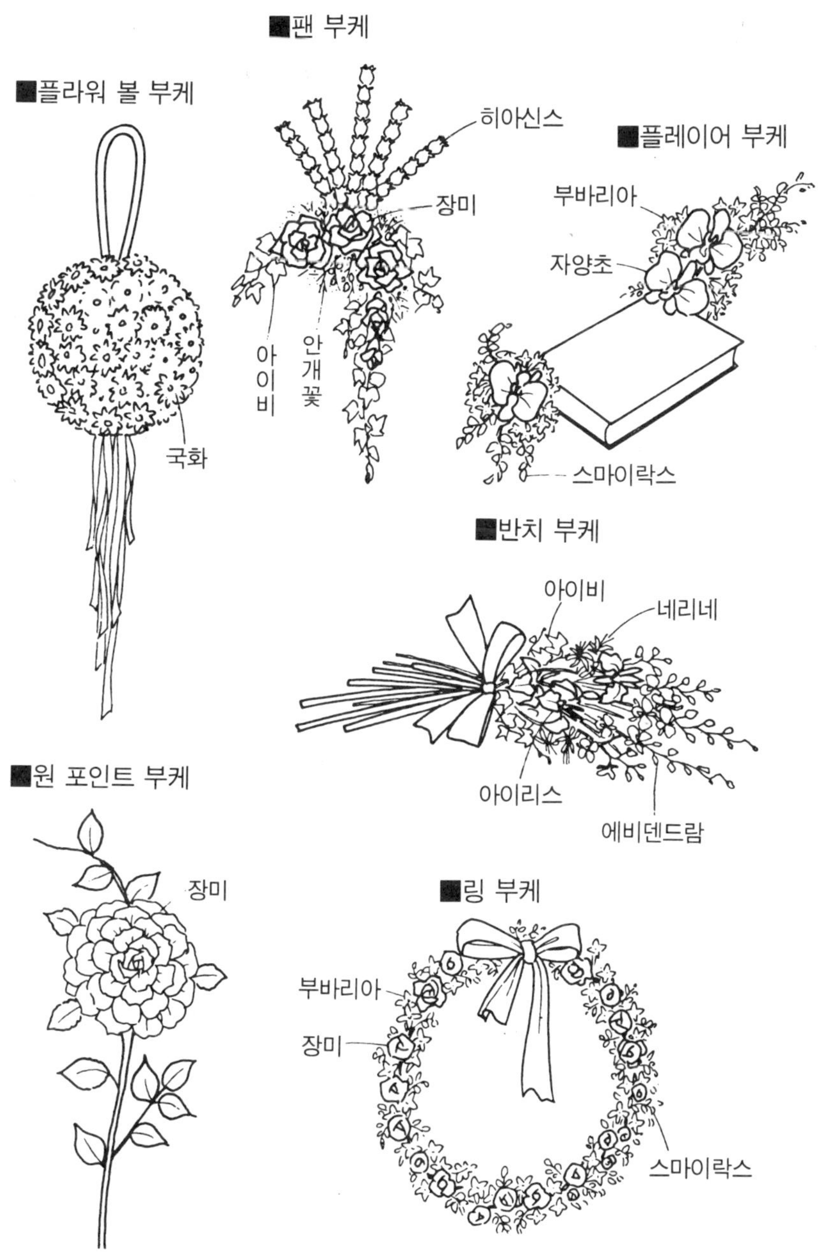
■플라워 볼 부케
■팬 부케
■플레이어 부케
히아신스
장미
부바리아
자양초
아이비
안개꽃
국화
스마이락스
■반치 부케
아이비
네리네
아이리스
에비덴드람
■원 포인트 부케
장미
■링 부케
부바리아
장미
스마이락스

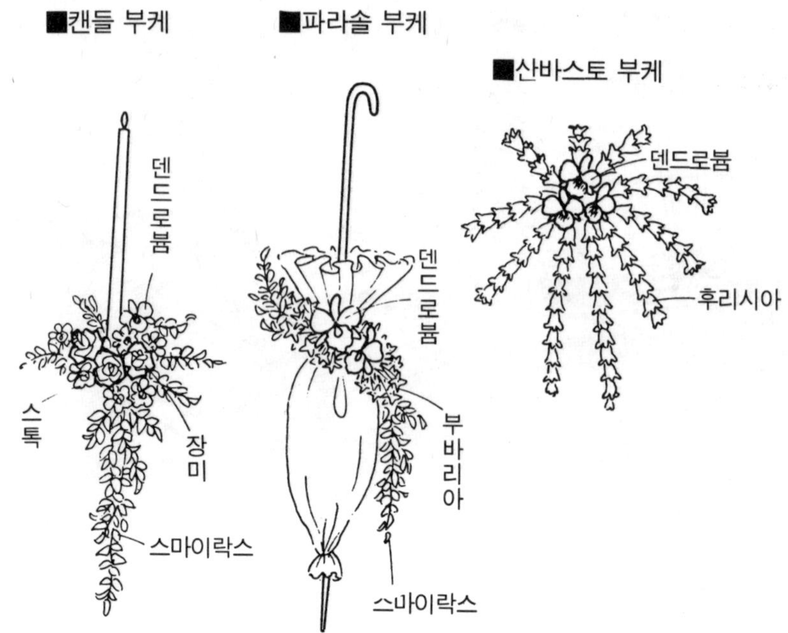

④ 부케 디자인상의 포인트

우선 부케를 갖을 사람의 드레스 분위기, 기호, 키 등을 고려하여 어떤 이미지의 부케를 만들까, 제작 의도를 확실하게 하는 것이 중요하다.

꽃을 갖는 의미에서 말하면, 부케 디자인의 스타트는 부케의 형태에서 보다는 어떤 느낌의 부케로 하고 싶은가, 꽃은 어떤 것, 색은 어떤 색으로 할 것인가를 결정, 다음으로 소재는 생화로 할 것인가, 조화로 할 것인가, 형은 내츄럴로 할까, 조형적으로 할까, 그 결과로써 어떤 형의 완성할 것인가… 라는 식으로 생각한다.

⑤ 부케의 색채와 형태

흰색 꽃을 사용하는 신부 부케의 경우는 모두 새하얀 색으로 하기보다는 흰꽃을 두드러지게 하기 위해서도 녹색의 농담을 사용하여 완성하는 편이 (아트의 경우도) 흰 드레스를 배경으로 한 경우, 부케의 효과가 잘 나타난다.

일반적인 색의 경우, 특히 색감이 진한 로즈핑, 바이올렛 계열의 경우에는 잎을 많이 사용하면 어두운 느낌이 들기 쉽다.

컬러플한 색채나 진한 색채의 꽃을 사용할 때는 안개꽃이나 알타이카나 카스피아와 같은 꽃으로 덮든가, 브바리아나 레이스 플라워, 공작초와 같은 작은 꽃을 많이 모으면 부드러운 색조가 된다.

부케의 형태는 화려하든가, 우아하다는 느낌을 주는 것이 제일이다. 그러나 오벌에도 캐스케드형에 필적하는 화려함을 나타낼 수 있기 때문에 오히려 형태를 똑 떨어지게 만들기 보다는 형태가 갖는 각기 가장 좋은 특징을 고려, 다시 꽃을 충분히 살리면서 만드는 것이 중요한 포인트이다.

⑥ 부케로 쓰기 쉬운 화재와 조합

■ 생화의 신부 부케

커틀레어, 넬리네, 덴도로븀
고쵸란, 용담
덴파레, 회향
신비줌, 브로디아
장미, 아루스토로메리아, 레이스 플라워
백합, 덴도로븀
스카시나리, 스프레이븀, 공작초
글라디올러스, 스테파노티스, 레이스 플라워
스프레이븀, 회향, 브바리아
스카시나리, 카스피어
카네이션, 터키 도라지, 레이스 플라워
가데니아, 안개꽃
유챠리스릴리, 스테파노티스
마아가렛, 안개꽃

■ 아트 플라워의 신부 부케

스위트피, 팬지, 마아가렛, 브바리아, 스톡, 브겐비리아, 자양화, 작약, 클레마티스, 글라디올러스, 칼라릴리, 터키 도라지, 코스모스, 스카비오사, 캄파뉼라, 아이리스, 진저, 수선, 은방울꽃, 라일락 등 이상의 꽃에 조금 밝은 녹색이나 크림색의 농담색을 더하여 만드는 부케나, 안개꽃이나 스

마이락스 잎을 더한 부케 등은 오소독스하면서 심플하여 영원히 변하
지 않는 꽃다발의 이미지를 준다.

F

심플한 어레인지먼트

디자인 플라워의 특징이라고 말할 수 있는 다종 다량의 꽃의 배열
에 대하여 동양적인 화재의 모습의 재미를 살려 작은 꽃으로 아무리
단순한 구성이라도 꽃을 심플하게 배치한다.

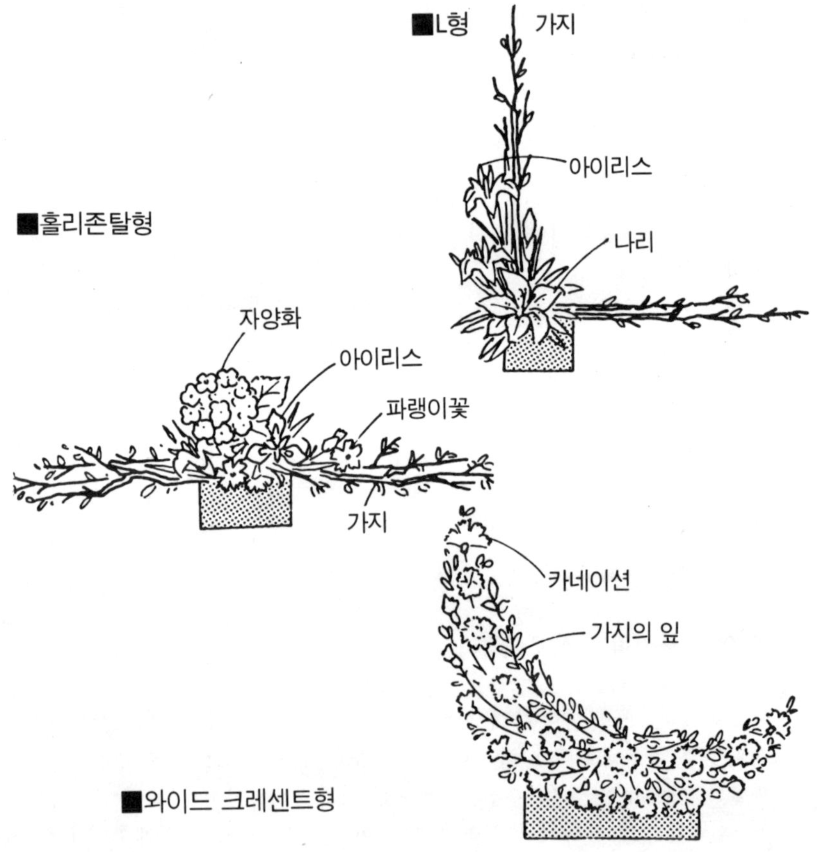

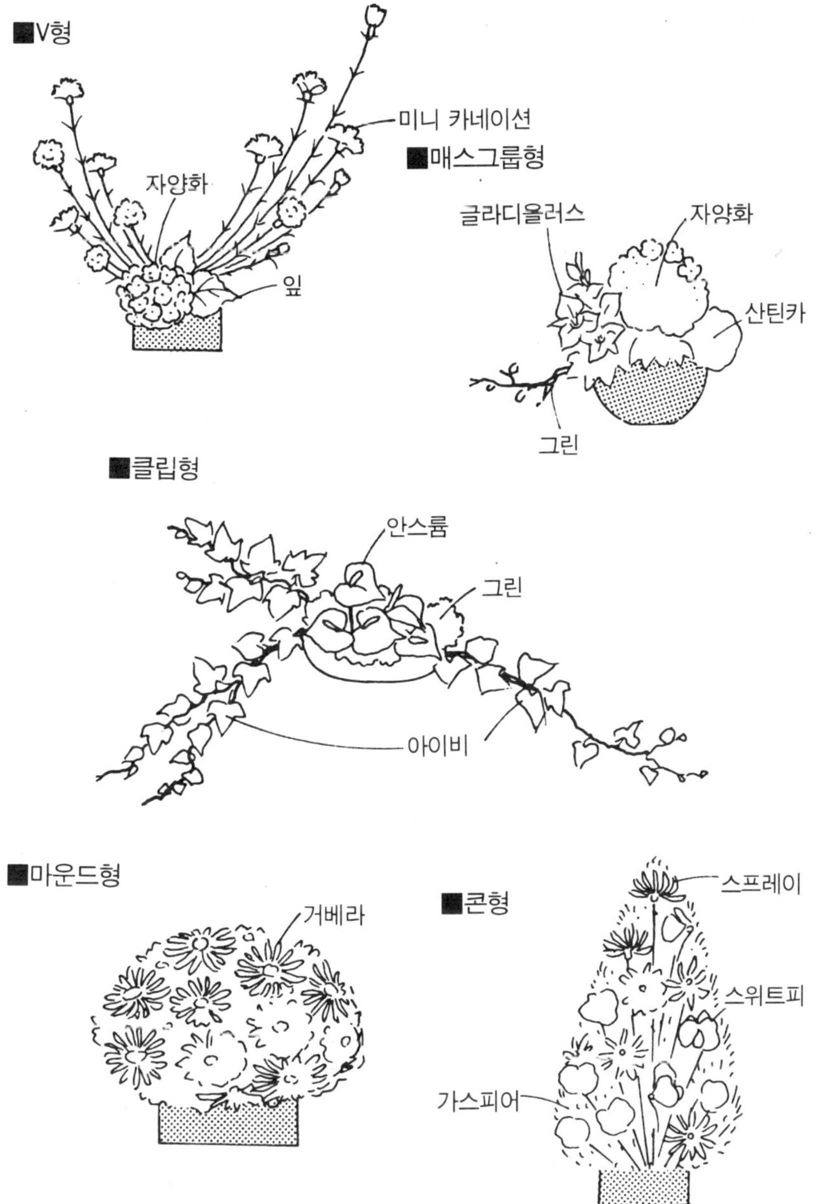

■V형
미니 카네이션
자양화
잎
■매스그룹형
글라디올러스
자양화
산틴카
그린
■클립형
안스룸
그린
아이비
■마운드형
거베라
■콘형
스프레이
스위트피
가스피어

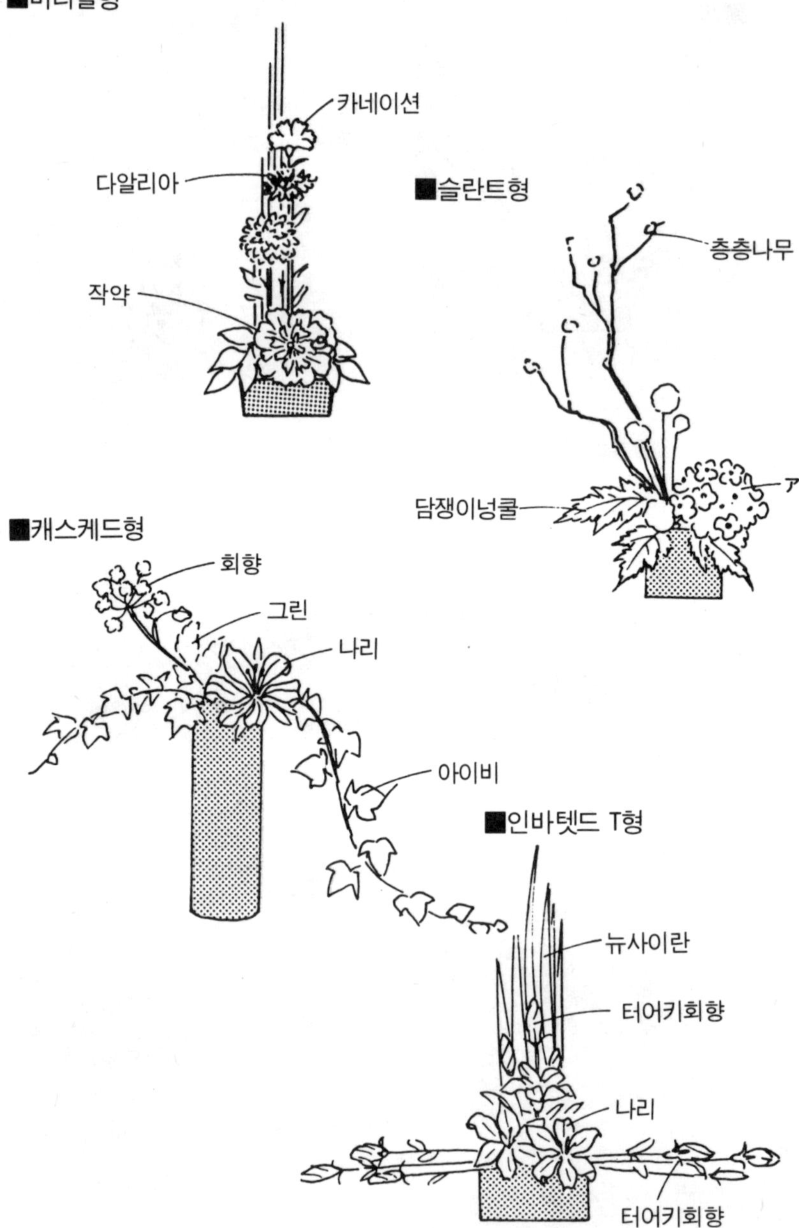

■비티칼형
카네이션
다알리아
작약
■슬란트형
층층나무
담쟁이넝쿨
ア
■캐스케드형
회향
그린
나리
아이비
■인바텟드 T형
뉴사이란
터어키회향
나리
터어키회향

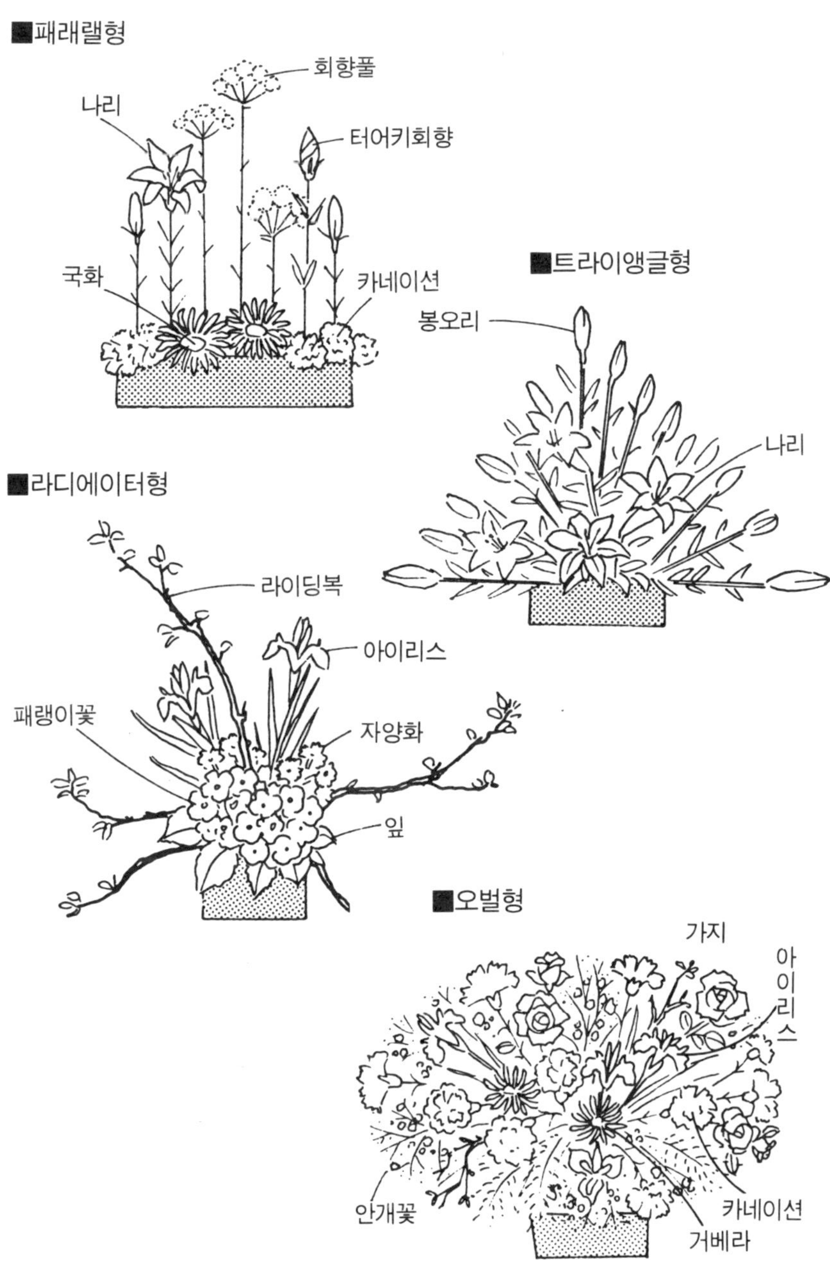
■패래랠형
회향풀
나리
터어키회향
국화
카네이션
■트라이앵글형
봉오리
나리
■라디에이터형
라이딩복
아이리스
패랭이꽃
자양화
잎
■오벌형
가지
아이리스
안개꽃
카네이션
거베라

② 디자인상의 포인트

사용하는 목적에 따라 다소 달라지나 어디에든 공통으로 하는 것이 있다.

우선 그 꽃이 사용되는 TPO와 장식 목적을 잘 파악하는 것이다. 남성을 위한 것인가, 여성을 위한 것인가에 따라 색채나 화재, 연출도 달라진다. 또 장식하는 장소가 넓은 곳인가, 어떤 물건이 놓여 있는가, 꽃을 이동할 가능성이 있는가, 장식하는 시간대, 일수 등에 따라서도 여러 가지 조건이 생기고, 거기에 따른 아이디어를 내야 한다.

게다가 최근에는 꽃의 유행성, 배열의 패션성이 있는 요즘, 어레지먼트의 구성 기술만 좋아서는 디자이너, 아티스트, 데코레이터에게는 불충분하다고 할 수 있다.

요는 어떤 화재이든, 어떤 조건에서든 자재로 대응하고 상대의 요망에 맞는 어레인지먼트를 표현할 수 있는 경험을 하고 있는가 어떤가가 문제이다.

③ 어레인지먼트의 주의점

· 가지의 길이 비율 (프로포션) 의 평균치 (그림 ㉠)

· 형태의 차이에 따라 옆에서 볼 때의 앞쪽의 볼륨의 연출법 (그림 ㉡)

· 중심의 꽃은 뒤로 휘어도 앞의 손실이 되어도 괜찮다. 단 구부러진 가지인 경우는 그림 ㉢과 같은 밸런스를 세워준다.

또 뒤쪽은 오아시스를 감출뿐 아니라 앞에 있는 꽃의 볼륨에 맞는 밸런스로 잎을 꽂는다. 때때로 그릇을 돌려 옆과 뒤에 걸쳐 전체의 밸런스를 본다.

· 아웃트라인을 만드는 기술이나 꽃, 눈에 띄는 꽃이 형태를 형성한다고 생각한다.

· 라인을 강조하는 어레인지먼트는 특히 중심부 (포컬포인트) 를 작게 만든다.

또 포컬포인트의 잎 배열은 그림 ㉣을 참조한다.

· 어레인지먼트가 아름답게 보이게 하는 포인트는 밸런스, 프로포션, 리듬, 꽃의 간격, 부분의 양감에 있다. 특히 밸런스는 그림 ㉤과 같이 점, 축을 대칭으로 생각하면 좋다.

· 하나하나 더해 가면서 배치하는데, 2개만으로 또는 3개만으로도 구성은 아름답게 보여야 한다.

우선은 통일된 구성을 만들고, 다음으로 변화를 주고, 최후에 조화된 꽃으로 완성해 간다.

· 배열하는 것에 익숙치 않을 때는 트라이앵글과 같은 형도 작게 하면 전체가 보기 쉽고 알기 쉽다.

· 배열이 다 되면 한번 꽃에서 떨어져서 다시 본다. 두드러지는 꽃이 이상한 부분은 고쳐준다. 디자인 플라워는 조화가 가장 중요하다.

· 완벽하다고 할 수 있을 때까지 베열한다. 눈을 좁혀서 바라보며, 추장스러운 가지나 꽃을 제거하고 바람이 통하듯이 본다. 꽃이 생생하고 개성을 나타내야 배열도 부드럽게 된다.

④ 어레인지먼트 형태에 적합한 화재의 선택법

■ 트라이앵글·인바테드 T·L·V·홀리존탈·콘형의 경우

〈잎·가지〉덩쿨장미, 낙상홍, 마가목, 동백나무, 유칼리, 정금나무, 철쭉꽃, 등대꽃.

〈꽃〉글라리오사릴리,안개꽃,스프레이맘,스프레이장미,공작초,안스륨흐지바카마,아스티루베, 터키 도라지 카스피어, 아루스토메리아, 델피니움, 회향, 마타리, 스카비오사, 코스모스, 오이풀, 온시븀, 에린줌.

■ 캐스캐드·슬란트·클립·크레센토형의 경우

〈잎·가지〉운용유,일본 갈기조팝나무,운류,유칼리,자스민,스마이락스, 아스파라가스, 벚나무, 개나리, 당명자나무, 버들나무, 동백나무, 멀꿀, 복숭아나무, 낙상홍, 라이덴보그, 라일락, 에니시라, 담쟁이덩쿨.
〈꽃〉 자양화, 아네모네, 회향, 스카시나리, 스위트피, 카네이션.

■ 마운드·매스그룹·콘형의 경우

〈잎·가지〉 철쭉꽃,밀리오글라더스,금사철나무,스모그트리,스마이락스, 심정화, 자스민, 등대꽃, 아지언텀.

〈꽃〉 물망초, 자양화, 아카시아, 에리카,레이스 플라워,루리다,마아쟈미, 안개풀, 용담, 라일락, 무스칼리, 두견화, 마도칼리아, 모르셀라, 페랫치, 히아신스, 브바리아, 팬지, 듀모사, 스위트피, 상탄카, 마타리, 회향.

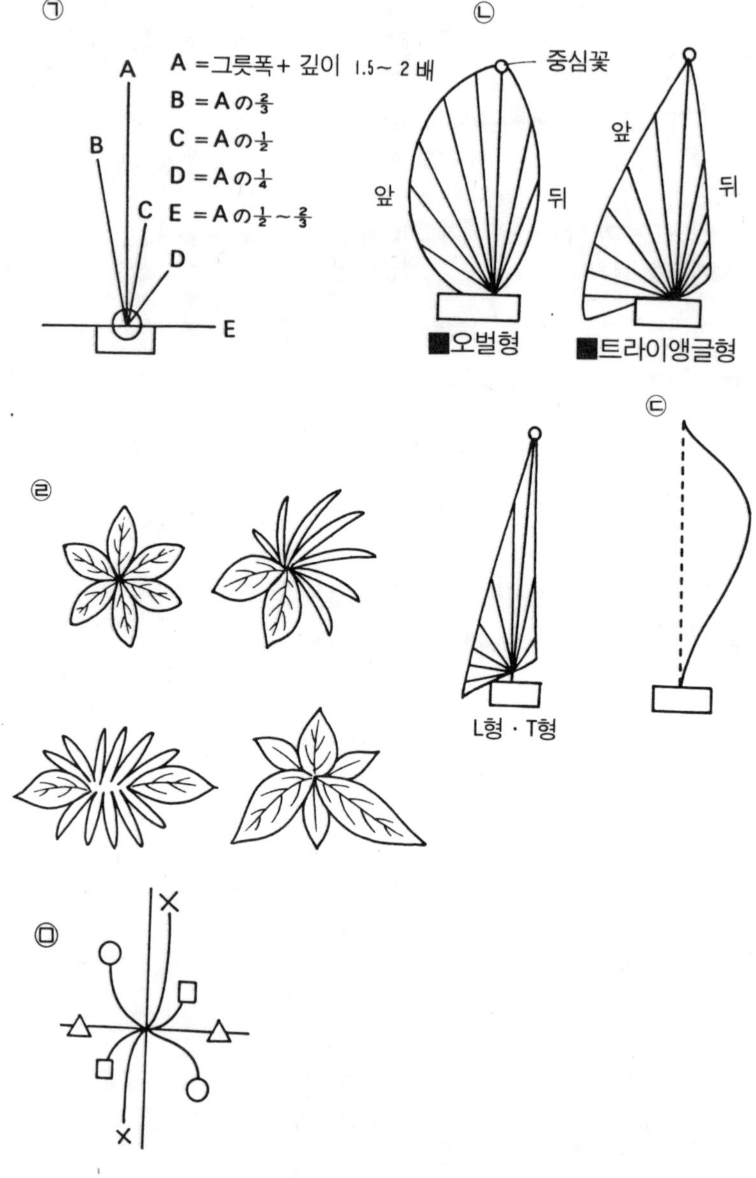

㉠
A
B
C
D
E
A =그릇폭+ 깊이 1.5~ 2 배
B =A の ⅔
C =A の ½
D =A の ¼
E =A の ½ ~ ⅔
㉡
중심꽃
앞
뒤
앞
뒤
■오벌형
■트라이앵글형
㉢
L형 · T형
㉣
㉤

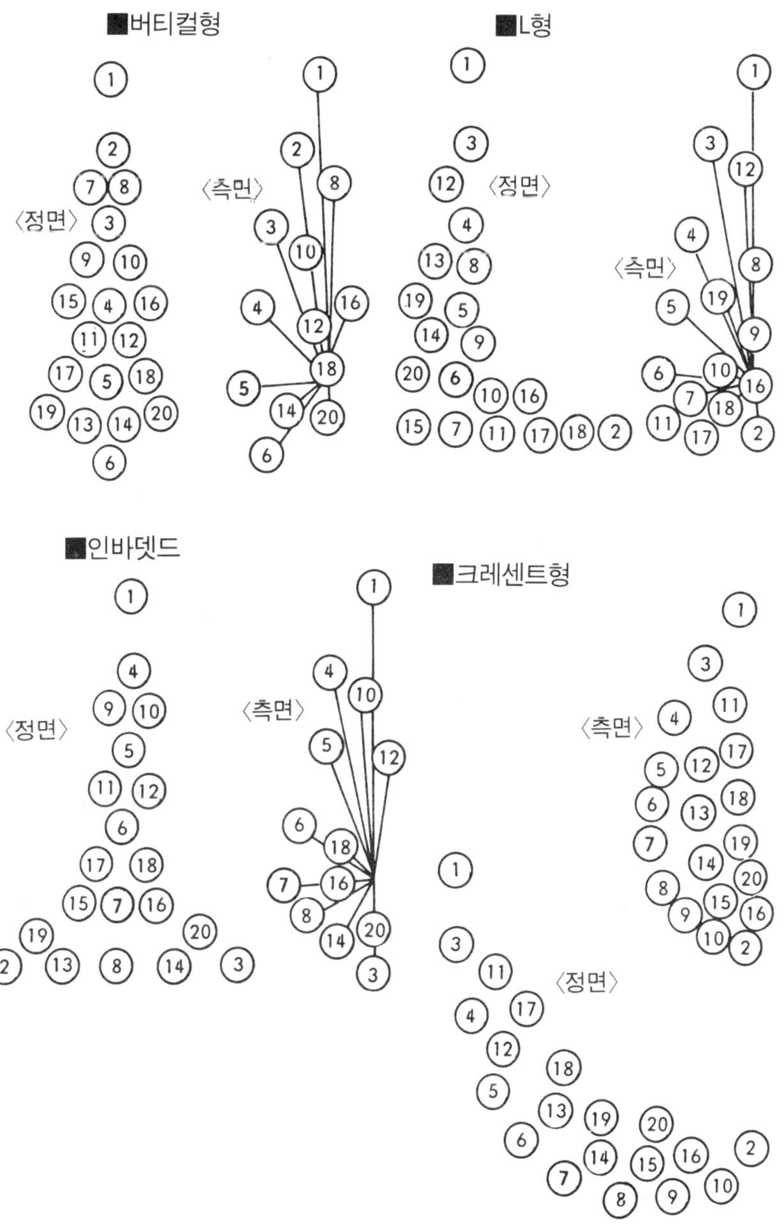

■버티컬형
〈정면〉
〈측면〉
■L형
〈정면〉
〈측면〉
■인바뎃드
〈정면〉
■크레센트형
〈측면〉
〈정면〉

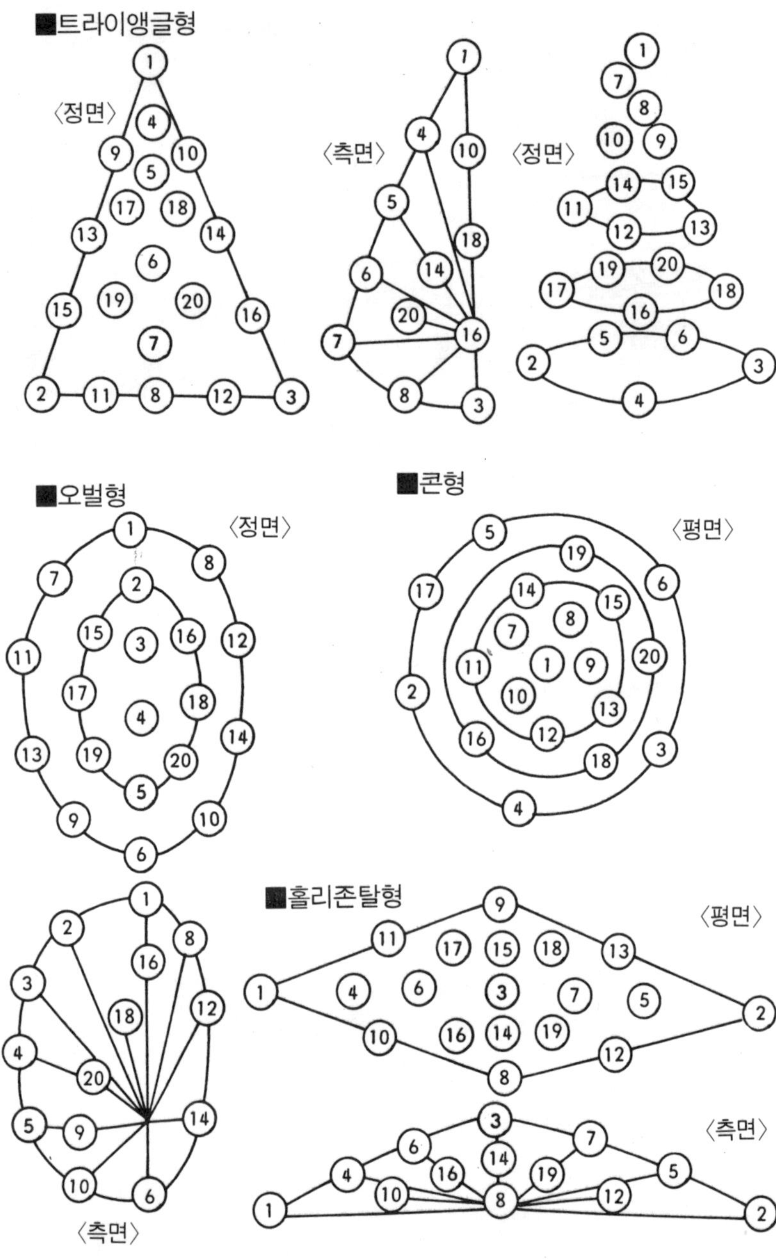

■트라이앵글형
〈정면〉
〈측면〉
〈정면〉
■오벌형
〈정면〉
■콘형
〈평면〉
〈측면〉
■홀리존탈형
〈평면〉
〈측면〉

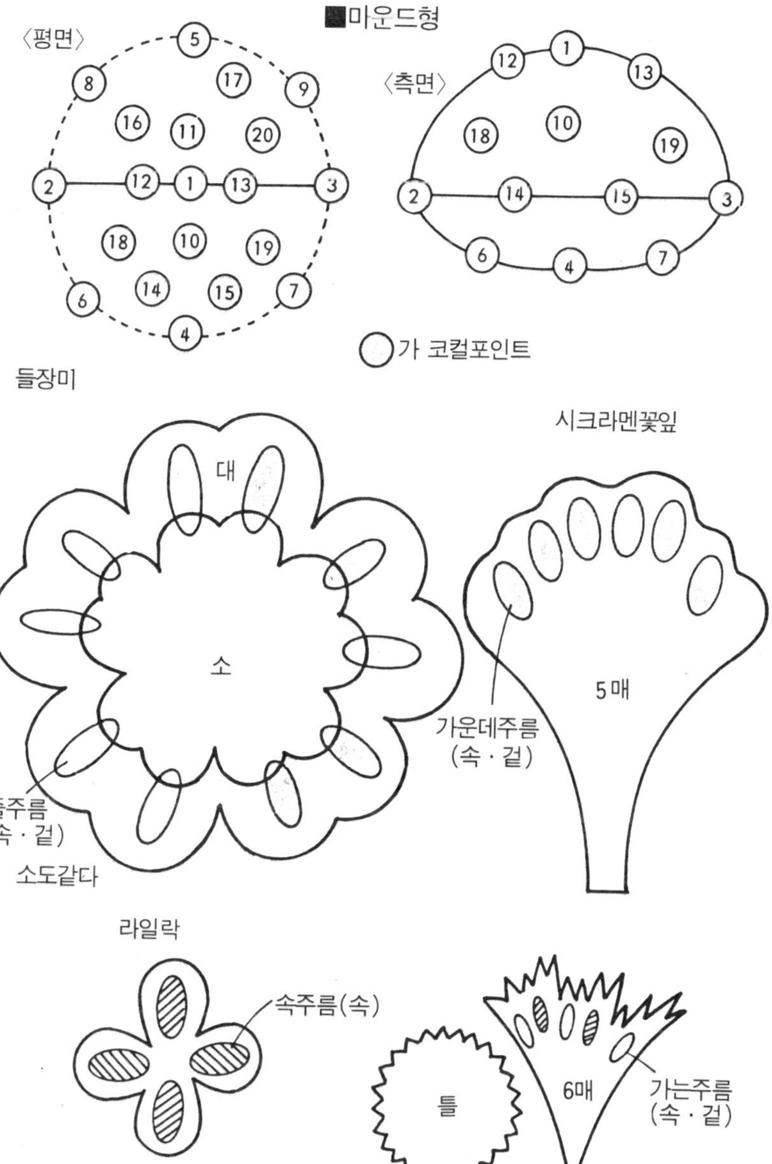
〈평면〉
■마운드형
〈측면〉
5
8 17 9
16 11 20
2 12 1 13 3
18 10 19
6 14 15 7
4
12 1 13
18 10 19
2 14 15 3
6 4 7
가 코컬포인트
들장미
대
소
줄주름
(속·겉)
소도같다
시크라멘꽃잎
가운데주름
(속·겉)
5매
라일락
속주름(속)
틀
6매
가는주름
(속·겉)

✻아트 플라워

커브
잘라 넣는다
면 오간디
솜(실제크기)
벌로드
마늘
6매
잎
줄주름(속·겉)
두 장 사이에 와이어를 끼운다
솜(실제크기)
3mm 폭의 면 오간디를 만든다
솜을 싸 본드를 붙여 모양을 만든다.
26번 와이어

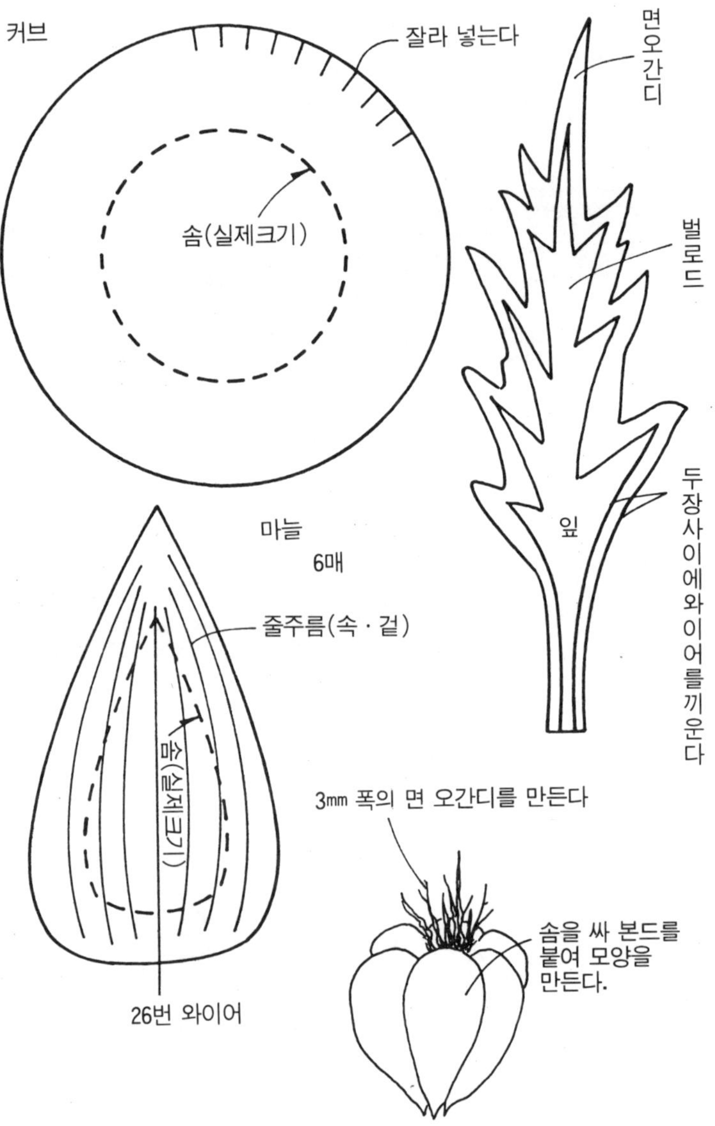

■피망

꼭지
3~4매
● 만드는 법은
마늘과
같다.
실제의 천 중심에
구멍을 뚫어 솜을
넣는다.
끝을 집어
넣는다
겉
마슈룸
속
마늘
겉
속
틀
가는 주름(속)

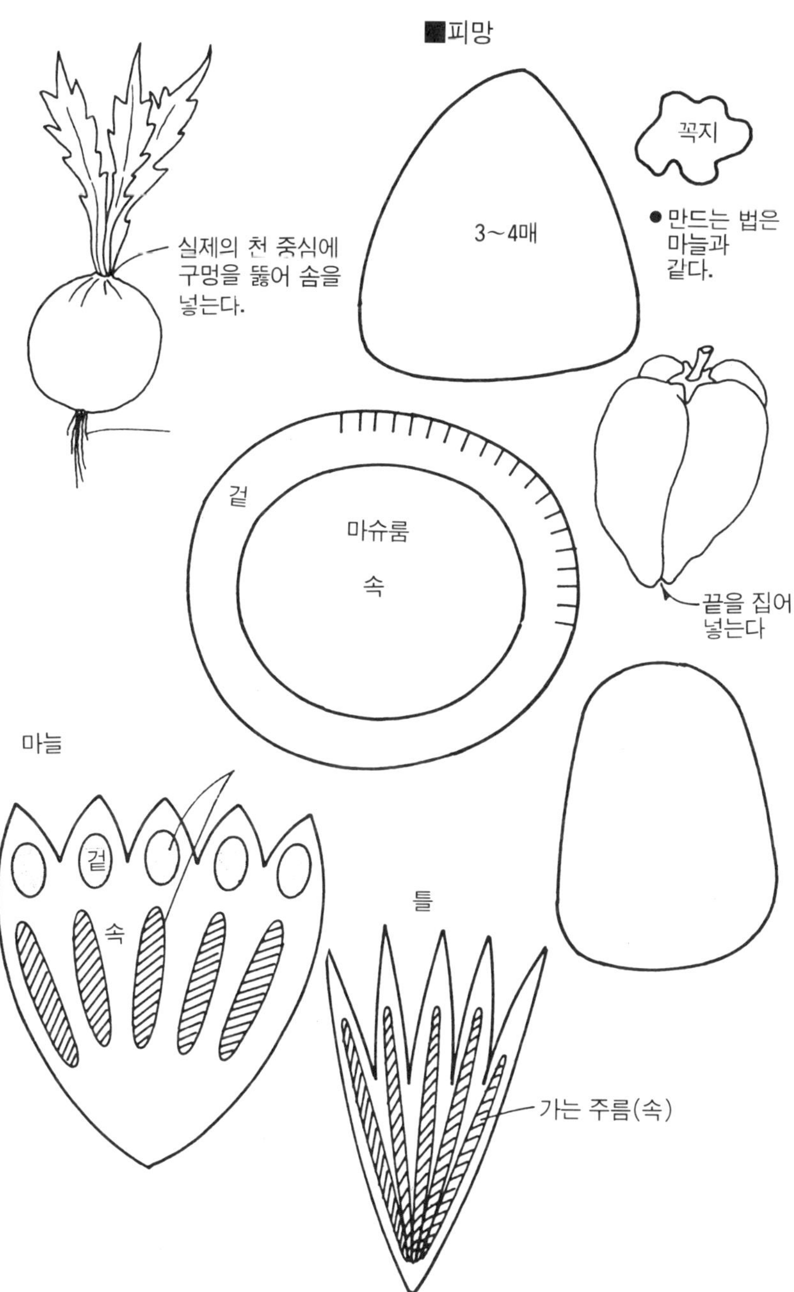

버섯

우산 1장
안쪽 1매
줄주름
(속·겉)
볼지
꿰매는 곳
버섯밑뿌리
2매
볼지를 잘라넣어
우산상으로 겹쳐
호치켓스로 고정
솜을 얇게
붙인다
솜을 붙인다
24번 와이어

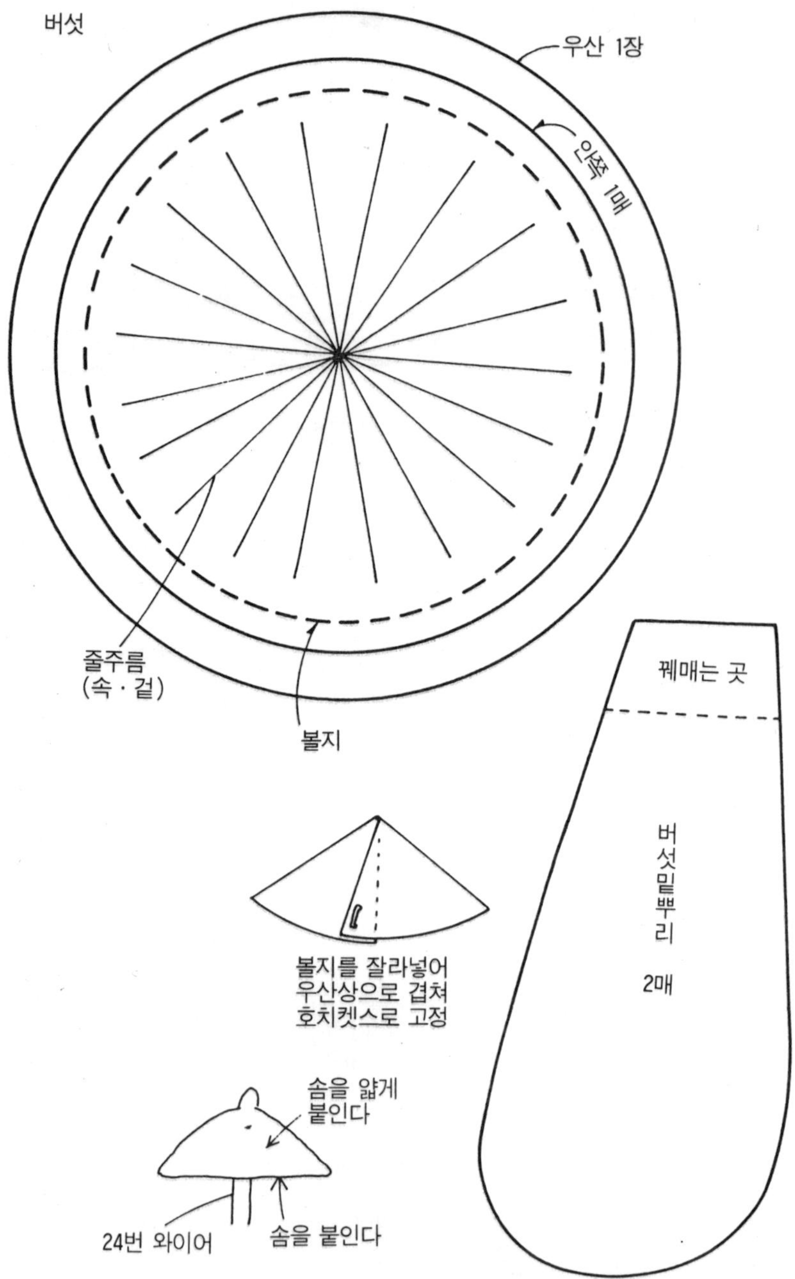

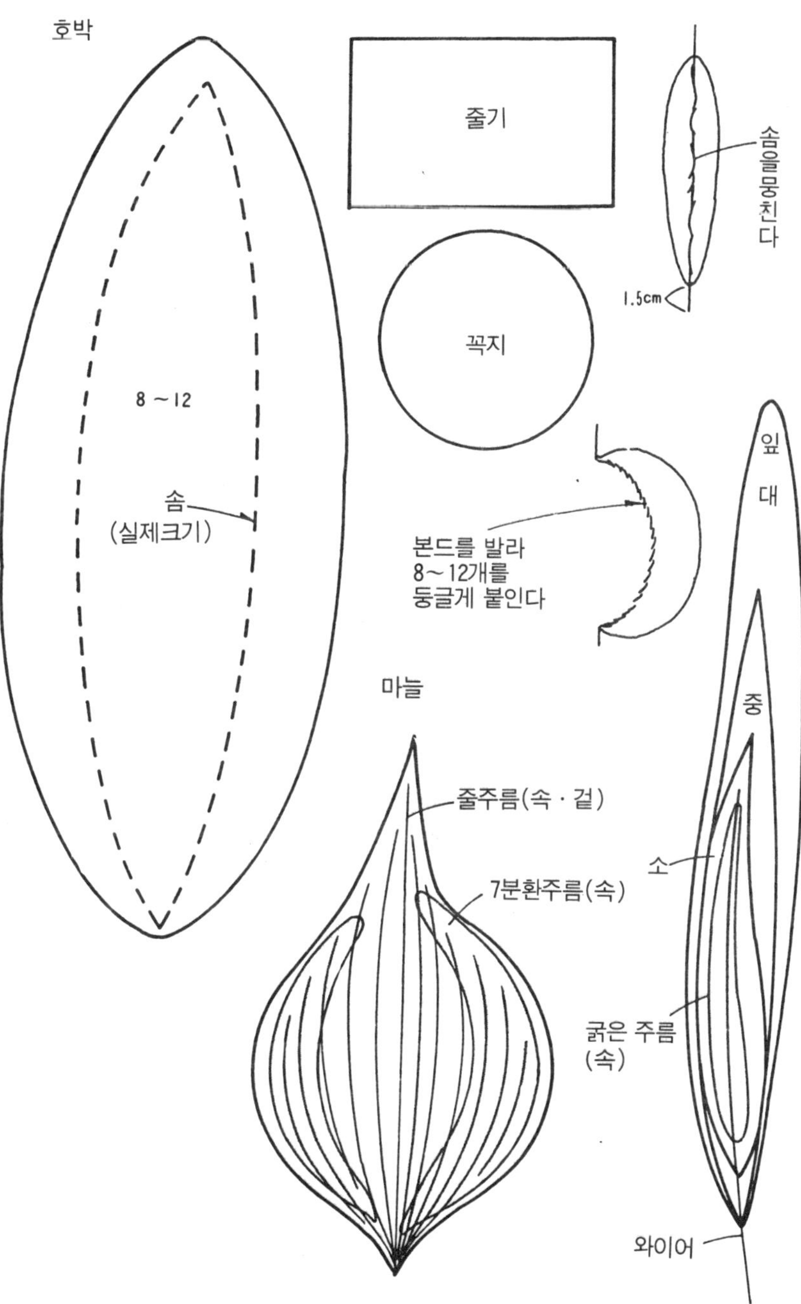
호박
줄기
꼭지
솜을뭉친다
1.5cm
8~12
솜
(실제크기)
본드를 발라
8~12개를
둥글게 붙인다
마늘
줄주름(속·겉)
7분환주름(속)
굵은 주름
(속)
잎
대
중
소
와이어

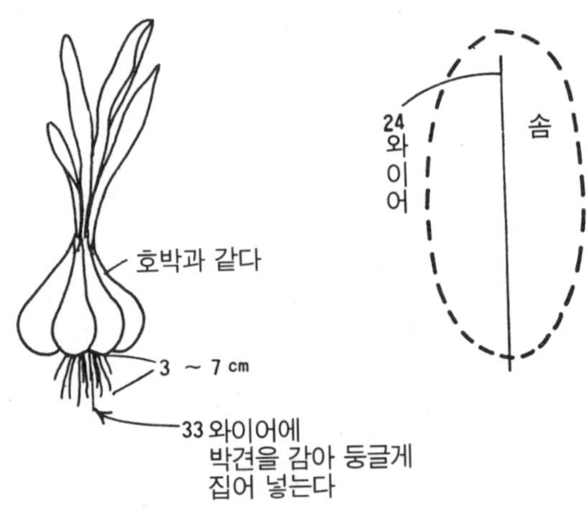
호박과 같다
3 ~ 7 cm
33 와이어에
박견을 감아 둥글게
집어 넣는다
24
와
이
어
솜

┌─────────┐
│ 판 권   │
│ 본 사   │
│ 소 유   │
└─────────┘

아트플라워

2017년 5월 25일 인쇄
2017년 5월 30일 발행

지은이/ 편 집 부 편
펴낸이/ 최   상   일
펴낸곳/ 태 을 출 판 사

서울특별시 중구 신당6동 52-107(동아빌딩내)
등록/1973년 1월 10일(제4-10호)

＊잘못된 책은 구입하신 곳에서 교환해 드립니다.

■주문 및 연락처

우편번호 100-456
서울특별시 중구 신당6동 52-107 (동아빌딩 내)
전화 / 2237-5577 팩스 / 2233-6166
ISBN 89-493-0405-8   03480

현대인의 건강과 행복을 추구하는

최신판 「현대레저시리즈」

각박한 시대 속에서도 여유있게 삽시다 ! !

현대골프가이드

●초보자를 위한 코오스의 공격법까지를 일러스트로 설명한 골프가이드 !

현대요가미용건강

●간단한 요가행법으로 날씬한 몸매. 잔병을낫게 하는 건강비법 완전 공개 !

현 대 태 권 도 교 본

●위협적인 발차기와 가공할 권법의 정통 무예를 위한 완벽한 지침서 !

현 대 복 싱 교 본

●복싱의 초보자가 챔피언이 될 수 있는 비결을 완전 공개한 최신 가이드 !

현 대 펜 싱 교 본

●멋과 품위, 자신감을 키워주는 펜싱의 명가이드 !

현 대 검 도 교 본

●검술을 알기 쉽게, 빠르고 정확하게 체득 할 수 있는 검도의 완벽한 지침서 !

현 대 신 체 조 교 본

●활력이 넘치는 싱싱한 젊음을 갖는 비결, 현대 신체조에 대한 완전가이드 !

현대즐거운에어로빅댄스

●에어로빅댄스를 통하여 세이프업한 체형을지키는 방법 완전공개 !

현대보울링교본

●몸도 젊게, 마음도 젊게, 남녀노소 누구나 즐길 수 있는 최신 보울링 가이드 !

현대여성헬스교본

●혼자서 틈틈이, 집에서도 손쉽게, 젊은 피부·매력있는 몸매를 가꾸는 비결집 !

현 대 디 스 코 스 텝

●젊은층이 즐겨 추는 최신 스텝을 중심으로 배우기 쉽게 엮은 디스코 가이드 !

현 대 소 림 권 교 본

●소림권에 대해 흥미를 가지고 있는 초보자를 위하여 만든 소림권 입문서 !

현 대 태 극 권 교 본

●천하무적의 권법으로 알려지고 있는 태극권의 모든 것을 공개한 지침서 !

현 대 당 구 교 본

●정확한 이론과 올바른 자세를 통한 초보자의 기술 향상을 목표로 한 책 !

현 대 유 도 교 본

●작은 힘으로 큰 힘을 제압하는 유도의 진면목을 익힐 수 있도록 편집된 책 !

＊ 이상 전국 각 서점에서 지금 구입하실 수 있읍니다.

태을출판사　＊주문 및 연락처
서울 중구 신당6동 52-107(동아빌딩내)　☎ 02-2237-5577